여행업

창업과 혁신경영

김천중 · 현은지 공저

미세움

여행업의 성공전략

인류의 이동은 인류 역사와 함께 시작하였으며, 오늘날과 같은 여가 목적의 여행으로 확산하면서 여행은 상업적 이용의 대상이 되었다. 오늘날의 여행업은 산업혁명 이후 인간의 이동과 체류에 관한 사업이 모여서 관광산업으로 발전할 수 있게 한 가장 중요한 관광사업이다. 관광산업 전체에 여행자인 고객을 공급하는 것은 인간의 몸속에 영양을 공급하는 것과 같아서 여행업의 역할은 전체 관광산업의 기초가 되는 가장 중요한 관광사업이다.

관광산업은 이동과 체류에 관한 산업의 기반이 다양하고, 안정적인 수준을 유지하면서 새로운 기술과 방법을 적용시켜야 효과를 극대화할 수 있다는 것이 변할 수 없는 진리이다. 그러나 최근의 한국 관광산업 관련 정책은 일관된 장기적 처방을 하지 못하고, 대통령의 임기나 지방단체장들의 임기 내에 할 수 있는 사업만을 추진한 결과 모든 것이 졸렬하고 저렴한 자원이나 상품만 양산하고 있는 실정이다. 관련 법규도 땜질처방만 해온 결과 새로운 사업을 빠르게 추진할 수 없는 한계를 가지고 있어서 빠르게 변하는 새로운 사업영역이나 시장변화에 적절한 대응을 할 수 없게 만들고 있다.

중앙정부의 관련 행정부는 문화체육관광부라는 명칭에서만 보아도

정체성이 없는 부서로서 관광산업의 발전에 집중하지 못하는 행정체계를 가지고 있다. 문화나 종교 관련 업무가 선거 논리에 의하여 우선시 될 수밖에 없고, 올림픽이나 아시안게임의 시기에는 체육행정에 몰입이 되어 항상 뒷전이거나 정책 우선순위에서 밀려날 수밖에 없었다. 또한, 행정책임자인 장관을 너무 정치적인 인사를 임명하거나 관광 이외의 전문가를 임명해 온 관계로 추진동력이 떨어질 수밖에 없는 실정이다.

관광산업은 세계적으로 가장 큰 시장을 형성하고 있고 미래에도 그 위력은 변함이 없으리라는 것을 누구도 부인할 수가 없다. 또한, 중국과 일본 사이에서 약 15억 인구가 가장 이상적인 이동 거리에 위치하고 있어서 세계적으로 유례가 없는 대형 관광시장을 가지고 있다.

관광산업의 발전은 이동에 관한 사업인 여행업과 체류에 관한 사업인 각종 호텔업이 균형적으로 발전하여야 하고, 그 기반 위에 각종 관광 관련 사업과 모든 산업이 연결되어 있어서 수많은 파생산업을 창업할 수 있도록 하여야 한다.

따라서 한국의 여행업은 새로운 시대를 위한 대변혁의 길을 모색하여야만 한다. 과거의 제한적인 여행정보를 가질 수밖에 없었던 여행객

을 대상으로 쉽게 수익을 올렸던 시대의 여행업 경영방식에서 전면적인 변화를 모색하여야 한다. 규모 면에서도 세계의 여행업은 글로벌화하거나 최소규모의 경영방식을 적용하여 홈베이스화 및 가족경영형태의 여행업으로 변신하기 위한 각종 정보기술을 여행업 합리화 경영에 도입하고 있다. 또한, 각종 여행 관련 상품에 대한 새로운 유사 경영방법을 시도하는 경쟁자들과 무한 경쟁을 하여야 한다.

인터넷과 정보기술의 발전은 여행관광시장을 과거와 완전히 다른 환경을 제공하는 데 박차를 가하는 역할을 하고 있다. 전통적인 여행상품의 기획방법과 유통구조도 빠르게 파괴되고 있다. 여행업 경영은 국경을 초월해 가고 있고, 언어와 문화의 한계를 넘어서고 있다.

분명한 변화의 근본적인 예측을 한다는 것은 불가능에 가깝고 필요치 않을지도 모른다. 그러나 우리가 관광사업으로서의 여행업의 변화를 예측한다면 아래와 같은 큰 흐름을 이해할 수가 있다.

앞으로의 여행업은 여행의 모든 것을 상품화하고 거래의 방법과 범위는 더욱 다양화될 것이다. 또한, 여행업의 구조는 대형화하거나 분업화되어가고, 한편으로는 소규모화하여 1인 여행업화하거나 모바일 오피스의 형태로 재택근무형태로 변화해 갈 것이다. 그러나 여행업의

관광산업 전체에 대한 기여도는 더욱 강화될 것이고, 성장의 속도를 놓치지 않을 것이다.

　결국, 한국의 여행업은 이러한 변화추세에 적응할 수 있는 글로벌 무한 경쟁 시대의 여행업으로의 체질개선을 하여야 한다는 도전을 눈앞에 두고 있는 것이다. 모쪼록 본 저서가 이러한 시대를 열어갈 수 있는 논의의 시작이 되기를 희망하면서 머리말에 대하고자 한다.

2019년 겨울
요트&크루즈연구소에서
대표 저자 김천중

차 례

제1편
여행업 경영의 이해 ·······························13

제1장 여행의 이해 ·······························15

제1절 여행의 개념 ·······························16
1. 여행의 어원 ·······························16
2. 여행의 역사 ·······························18
3. 관광과 여행 ·······························21

제2절 여행의 구성요소 ·······························28
1. 여행의 구성요소 ·······························28
2. 여행의 형태 ·······························30
3. 여행의 분류 ·······························32

제3절 여행의 현상 ·······························39
1. 여행의 증가요인 ·······························39
2. 여행의 제약요인 ·······························41

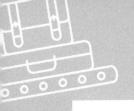

제2장 여행업의 이해와 창업과정 ·······43

제1절 여행의 탄생과 발전과정 ·······44
1. 여행업의 탄생 ·······44
2. 여행업의 발전과정 ·······46

제2절 여행업의 정의와 형태 ·······57
1. 여행업의 정의 ·······57
2. 여행업의 형태 ·······60

제3절 여행업의 특성 ·······64
1. 경영구조적 특성 ·······64
2. 산업구조적 특성 ·······66

제4절 여행업의 기능과 역할 ·······67
1. 여행업의 기능 ·······67
2. 여행업의 역할 ·······72

제5절 여행사의 창업과정 ·······76
1. 일반 기업의 창업과정 ·······76
2. 여행사 창업절차와 행정사항 ·······77
3. 여행업의 창업과정 ·······85

제3장 여행업의 조직과 경영수익 ·······99

제1절 여행업의 조직 ·······100
1. 여행사 경영조직의 중요성 ·······100
2. 여행사 조직의 방향성 ·······101
3. 여행사 조직의 조직유형 ·······102

제2절 여행업의 직무 ·······110

제3절 여행업의 경영수익 ·······116
1. 여행업의 수익구조 ·······116
2. 여행업의 수익구조형태 ·······117

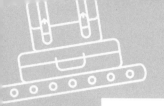

　3. 여행업의 수익원 ·· 118

제4장 여행상품의 이해 ·· 123

제1절 여행상품의 정의 ·· 124

제2절 여행상품의 특성 ·· 126
　1. 무형성 ·· 126
　2. 계절성 ·· 127
　3. 소멸성 ·· 127
　4. 생산과 소비의 동시성 ··· 127
　5. 상품가치의 주관성 ··· 128
　6. 결합성 ·· 128
　7. 모방성 ·· 128

제3절 여행상품의 구성과 유형 ··· 129
　1. 여행상품의 구성요소 ··· 129
　2. 여행상품의 유형 ·· 131

제5장 여행상품의 기획 ·· 135

제1절 여행상품의 기획 ·· 136
　1. 여행상품 기획의 중요성 ··· 136
　2. 여행상품 기획 시 검토사항 ··· 137

제2절 여행상품의 개발 ·· 139
　1. 여행상품 개발 시 고려사항 ··· 139
　2. 여행상품의 개발과정 ··· 140

제3절 여행상품의 판매방법 ·· 142
　1. 인적 판매 ·· 142
　2. 미디어판매 ·· 143
　3. 대리점을 통한 판매 ·· 143
　4. 여행사 카운터판매 ·· 143

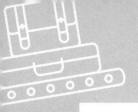

제4절 여행상품과 광고 ·· 145
  1. 여행상품광고의 의의 ····································· 145
  2. 여행상품광고의 종류와 특성 ························ 146
  3. 여행사의 홍보 ··· 148
  4. 사이버광고 ··· 149

제2편
여행업 실무 ·· 153

제6장 여행일정표와 원가계산업무 ·········· 155

제1절 여행일정표 작성업무 ··························· 156
  1. 여행일정표 작성을 위한 기본 사항 ············· 156
  2. 여행일정표 작성시 고려사항 ······················ 157
  3. 여행일정표의 작성 ······································ 158

제2절 원가계산업무 ······································ 160
  1. 여행상품원가의 구성요소 ··························· 160

제3절 여행상품의 가격산출방법 ···················· 163

제7장 수배업무 ······································· 167

제1절 수배업무의 이해 ·································· 168
  1. 수배업무의 개요 ··· 168

제2절 지상수배 ·· 171
  1. 지상수배의 이해 ··· 171
  2. 지상수배업체 선정시 고려할 사항 ·············· 172

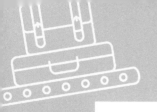

제3절 항공수배 ·· 174

제8장 항공업무 ·· 177

제1절 여행업과 관광교통업 ·· 178
  1. 관광교통의 특성 ·· 179
  2. 관광교통의 유형 ·· 181

제2절 여행업과 항공교통 ·· 184
  1. 항공운송사업의 이해 ·· 184
  2. 항공운송사업의 분류 ·· 190
  3. 항공운송사업의 현황 ·· 191
  4. 항공기업(FSC vs LCC) 사례 ···································· 195

제3절 항공예약업무 ··· 205
  1. 항공예약업무 ··· 205
  2. 항공권 발권업무 ··· 209

제9장 수속업무 ·· 219

제1절 여권의 이해 ·· 220
  1. 여권의 종류 ··· 221
  2. 여권의 구비서류와 발급절차 ···································· 222
  3. 여권의 활용과 여권발급수수료 ································· 223

제2절 비자수속업무 ··· 224
  1. 비자(Visa)의 개념 ··· 224
  2. 비자의 종류 ··· 225
  3. 사증면제제도(Visa Waiver Agreement) ···················· 225
  4. 무비자통과(TWOV : Transit Without Visa) ··············· 226

제3절 출입국수속 업무 ·· 229
  1. 출국수속 ··· 230

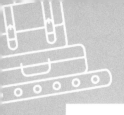

　　2. 입국수속 ···236

제4절 여행보험업무 ···238
　　1. 여행보험의 개념 ···238
　　2. 여행보험의 보상범위 ···238
　　3. 여행보험의 보상청구방법 ···240

제5절 여행계약업무 ···242
　　1. 여행계약의 성립 ···242
　　2. 여행계약서 작성과 교부 ···242
　　3. 여행약관 ··243
　　4. 소비자분쟁 해결기준(2014년 3월 21일 시행기준) ······················254

제10장 국외여행인솔업무 ··259

제1절 국외여행인솔자의 이해 ··260
　　1. 국외여행인솔자의 정의 ··260
　　2. 국외여행인솔자의 역할 ··261
　　3. 국외여행인솔자의 유형 ··262
　　4. 국외여행인솔자의 자격 ··264

제2절 국외여행인솔자의 업무 ··267
　　1. 여행출발 전 업무 ··267
　　2. 국외여행인솔자의 현장업무 ···268

제3절 사고발생시 대처방법 ···273

부록

여행 관련 용어 ···275

제1편
여행업 경영의 이해

제1장 여행의 이해
제2장 여행업의 이해와 창업과정
제3장 여행업의 조직과 경영수익
제4장 여행상품의 이해
제5장 여행상품의 기획

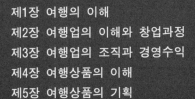

제1장
여행의 이해

여행의 개념

1. 여행의 어원

여행의 사전적 의미는 일이나 유람을 목적으로 다른 고장이나 외국에 가는 일, 자기 거주지를 떠나 객지(客地)에 나다니는 일, 다른 고장이나 다른 나라에 가는 일 등을 말한다(위키백과사전). 여행과 가장 유사한 의미로 쓰이고 있는 용어는 '관광'이며, 관광의 사전적 의미는 다른 지방이나 나라의 풍광(風光)·풍속(風俗)·사적(史蹟) 등을 유람(遊覽)하는 일이다.(두산백과사전)

여행과 관광의 속성은 인간의 이동이라는 공통적인 성격에서 출발하며 인간의 생활 속에 변화해 왔다는 것이다.

여행과 관광의 개념은 서양에서의 어원의 변천을 살펴보면 그 차이가 보다 뚜렷해진다. 오늘날의 '여행' 혹은 '여행자'를 의미하는 'Travel' 혹은 'Traveler'는 라틴어의 'Travail'에서 파생하였다. 'Travail'은 고통 혹은 노동(trouble, work)의 의미로서 과거의 여행이 위험과 고역이 따르는 여행이었다는 점에서 오늘날의 개념과 비교가 된다.

과거 그리스·로마시대의 귀족이나 산업혁명 이후의 신흥부유층의 호사를 위한 여행은 즐겁고 안락한 여행이겠지만, 그 이외의 대부분의 서민들의 여행은 위험과 고역이 따르는 여행이었다. 오늘날에도 일부 학생층의 배낭여행이나 경제적인 여행을 추구하는 여행자의 경우 고난과 위험을 무릅쓰는 여행 중에 이러한 의미를 느낄 수가 있다.

그러나 과거의 여행이라고 해서 전적으로 고난과 위험이 따른 여행만 존재한 것은 아니었다. 소수이지만 이러한 도락을 위한 여행을 지칭하기 위한 용어가 필요했을 것이고, 이러한 여행의 개념을 오늘날의 관광여행이라는 용어로 이해할 수가 있다.

즉 '관광여행'을 의미하는 용어인 'Tour'는 라틴어의 'Tornare(녹로, 선반, 원)'와 그리스어의 'Tornos(축이나 중심점을 중심으로 회전함)'에서 파생하였다. 이러한 의미는 현대의 영어에서 '어떤 사람의 회전'으로 변하였고, 이후 접미사 ~ism은 어떤 행동이나 과정(an action or process)으로 정의되고, ~ist는 주어진 행동을 수행하는 사람의 의미가 되었다(Theobald, 1995: 6).

여기에서 관광자 혹은 관광여행자를 의미하는 'Tourist'라는 용어는 중세유럽에서 문예부흥과 함께 교육적 여행이 유행하던 시절인 그랜드 투어(Grand Tour)1)의 시대인 17~18세기에 쓰이기 시작하였고, 관광 혹은 관광산업을 의미하는 'Tourism'은 1811년 영국의 「스포팅 매거진」(Sporting Magazine)에서 처음 쓰였다.

한편 동양에서의 '여행(旅行)'이라는 용어의 최초의 사용시기는 「예기」(禮記)의 "삼년지상 연불군입불 여행군자 예이식정 삼년지상이 조곡불역진호"(三年之喪 鍊不群立不 旅行君子 禮以飾情 三年之喪而 弔哭不亦震乎)의 대목에서 처음 쓰였다. 이 문장은 삼년상을 당하여 무리와 함께 이동하는 것은 예의에 어긋난다는 의미로서 쓰였으며, 여기에서 '여(旅)'는 '나그네 려'의 뜻이고, 표식이나 방향을 상징하는 '깃발 언(方人)'의 변형체에 사람들이 길 따라 나아감을 뜻하는 '인인(人人: 따를 종)'의 변형(氏)을 받친 회의문자이다.

곧 표지를 따라 떠나는 자가 나그네란 뜻이다. '나그네 려'는 원래 '깃발 언'으로 방향을 나타내는 方(모 방)에 人(사람 인)을 짝지은 글자로서 방향(方)을 사람(人)에게 알려주는 것이 깃발이란 뜻을 가지고 있으며, 여기에 이동의 뜻인 '갈 행(行)'을 첨가하여 '나그네가 이동한다'는 의미로 여행이라는 용어를 사용하였다. 이는 그 당시의 여행이란 치안상의 위험 등으로 무리를 지어 이동하던 모습에서 연유한 용어라고 할 수 있으며, 오늘날 단체여행객들이 안내자의 깃발을 따라 이동하는 모습과 비교하면 재미있는 비교가 될 것이다.

---

1) 17~18세기 유럽의 지식인들 사이에서 문예부흥의 여파로 인하여, 찬란한 유럽문화의 원류로서 그리스·로마시대의 유물·유적을 방문하던 시기의 여행현상을 그랜드 투어의 시대라고 하며, '교양관광'으로 번역하기도 한다.

2. 여행의 역사

인류여행의 역사는 이동수단의 변천과정에서 정확한 기록을 찾아볼 수 있다.

이러한 여행의 역사는 이동공간이 육상·해상·공중과 현대에 이르러서는 우주에까지 미치고 있으므로 네 가지 공간을 중심으로 인류이동의 역사를 살펴보면, 여행의 역사에 대한 폭넓은 기본 과정을 알 수가 있다.

기원전 약 4000년경에 바퀴가 발명되었고, 말이 길들여졌다. 바퀴는 메소포타미아의 수메르지역에서 발명되었고, 이후 이집트와 극동에 퍼졌다. 로마가 세계의 강자로 발전하면서 돌로 잘 다져진 매우 높은 수준의 도로건설이 시작되었다.

또한 로마인들은 거의 다목적용 말이 끄는 탈것을 개발하였다. 오늘날까지도 로마에는 수도관과 다리의 유적이 남아 있고, 돌로 된 아치형의 다리는 과학적으로나 예술적으로 주요한 성과물로 인정받고 있다. 이 시기에 중국인들은 아시아를 횡단하는 육상통로를 개척하였고, 운하를 건설하였다.

고대 이집트시대인 기원전 4000년경 수메리아인의 화폐발명과 무역의 발전은 여행발전의 계기가 되었다. 기원전 3000년경에 이집트인들은 나일강에 적합한 갈대보트를 만들어 수상여행의 첫 번째 선구자가 되었다. 이후 이러한 배들은 지중해지역을 거쳐 로마와 아랍을 통해서 유럽에 소개되면서 발전을 거듭하였다.

기록에 나타난 최초의 관광목적의 여행자는 이집트의 하트셉수트 여왕(Hatshepsut, BC 1490)이며, 중국에서는 주나라의 목왕이 기원전 1001년에 서방을 여행한 것이 최초의 기록으로 되어 있다(蘇芳基, 中華 76: 6~7). 또한 최초의 상용여행자는 기원전 5세기경 중국과 인도 등지를 여행한 페니키아인들이며, 기원전 776년에 시작된 고대 올림픽게임을 오늘날 체육관광의 효시로 보고 있다.

동양에서는 기원전 139년경 실크로드가 개척되면서 페르시아인 등의 빈번한 왕래가 이루어지면서 수·당시대에 이르러서는 동·서양의 국제여행이 활발하게 진행되었다.

로마가 패망하면서 계속되는 무질서 속에서 북유럽에서 처음으로 마구가 발명되었다. 9세기경 바이킹들은 조선술이 뛰어나서 뱃전을 겹쳐 붙이거나 뱃밥(접착성 물질과 섬유질을 섞은 물질로 선박의 방수처리를 위한 것)으로 구멍을 막는 방법을 개발하여 스페인 남부까지도 항해하곤 하였다.

1100년경에는 교량건설이 시작되어 런던교가 건설되었고, 14세기 말에는 이탈리아 운하에 갑문이 설치되었으며, 나침반이 사용되어 대발견의 항해가 시작되었다.

17세기에는 부유한 개인이 개인용 마차를 보유하였고, 역마차가 공공의 용도로 운행되었다. 런던이나 파리와 같은 대도시에서는 전세마차가 오늘날의 택시와 같이 임대되었다.

17세기 후반에는 첫 번째 등대인 에디스톤등대가 영국해협에 건설되었고, 1784년에는 영국에서 역마차를 통해 우편배달이 시작되었으며, 1769년에는 증기력을 이용한 첫 번째 자가동력차량이 탄생하였고, 이 무렵에 도강용(渡江用) 증기선이 나타났다. 이후 유럽을 중심으로 신생국가들은 향료무역을 위해 동방개척에 나서 마젤란, 콜럼버스, 바스코다가마의 항해활동으로 동·서양의 해상교통이 빈번해지는 시기가 되었고, 곧이어 영국을 중심으로 산업혁명이 시작되면서 유럽중심의 근대적 국제여행활동이 시작되었다.

1830년 초 시내공공교통의 형태는 처음에는 노새나 말이 끄는 전차에서 레일 위로 달리는 시내전차, 그리고 케이블카도 전기전차로 대체되었다.

철도여행의 발전은 리처드 트레비식(Richard Trevithick)의 1804년 증기력에 의한 레일전차의 발명으로 시작되었고, 1825년에 영국에서 첫 번째 공공열차가 운행되었다.

1855년에는 체인이 장착된 안전자전거가 발명되었고, 이후 철도는 급속하게 발전하여 1869년에는 거대한 미국대륙이 철도궤도에 의하여 연결되었으며, 육상으로 혼잡한 도시를 지나거나 지하로 숨어서 곧 지하철의 탄생으로 이어졌다.

더 나아가 육상교통에 있어서 가장 혁명적인 발명품은 칼 벤츠와 고틀리프 다임러의 가스추진 자동차였으며, 헨리 포드에 의한 T형 자동차의 탄생은 여러 면에 커다란 영향을 주었다. 곧 자동차는 모두에게 이동의 기회를 제공하면서, 특히 미국에서 모든 문명의 상징이 되었다. 또한 운하체계는 철도에 비하여 쇠퇴하고 있었으나, 수에즈나 파나마 운하와 같이 선박이동을 위한 운하건설은 계속되고 있었다.

한편 항공과학에 대한 초기실험이 시작되었으며, 성공적인 기구비행이 이루어졌다. 1783년에 몽골피에 형제는 열기구로 항공여행에 성공하였고, 미국을 포함한 주요 도시에 확산되어 공중수송에 대한 본격적 연구가 진행되었다.

조지 케일리(George Cayley)에 의해서 비행선이 개발되었고, 라이트 형제의 비행은 곧이어 항공산업의 발전으로 이어졌다.

그림 1-1   여행의 역사로 본 연표

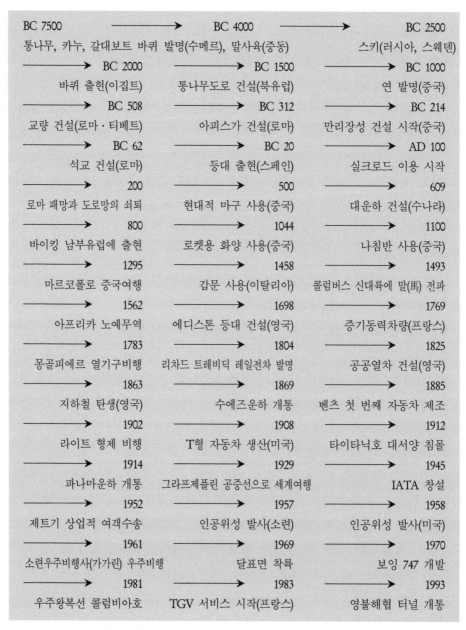

BC 7500 →	BC 4000 →	BC 2500
통나무, 카누, 갈대보트	바퀴 발명(수메르), 말사육(중동)	스키(러시아, 스웨덴)
→ BC 2000	→ BC 1500	→ BC 1000
바퀴 출현(이집트)	통나무도로 건설(북유럽)	연 발명(중국)
→ BC 508	→ BC 312	→ BC 214
교량 건설(로마·티베트)	아피스가 건설(로마)	만리장성 건설 시작(중국)
→ BC 62	→ BC 20	→ AD 100
석교 건설(로마)	등대 출현(스페인)	실크로드 이용 시작
→ 200	→ 500	→ 609
로마 패망과 도로망의 쇠퇴	현대적 마구 사용(중국)	대운하 건설(수나라)
→ 800	→ 1044	→ 1100
바이킹 남부유럽에 출현	로켓용 화양 사용(중국)	나침반 사용(중국)
→ 1295	→ 1458	→ 1493
마르코폴로 중국여행	갑문 사용(이탈리아)	콜럼버스 신대륙에 말(馬) 전파
→ 1562	→ 1698	→ 1769
아프리카 노예무역	에디스톤 등대 건설(영국)	증기동력차량(프랑스)
→ 1783	→ 1804	→ 1825
몽골피에르 열기구비행	리차드 트레비딕 레일전차 발명	공공열차 건설(영국)
→ 1863	→ 1869	→ 1885
지하철 탄생(영국)	수에즈운하 개통	벤츠 첫 번째 자동차 제조
→ 1902	→ 1908	→ 1912
라이트 형제 비행	T형 자동차 생산(미국)	타이타닉호 대서양 침몰
→ 1914	→ 1929	→ 1945
파나마운하 개통	그라프제플린 공중선으로 세계여행	IATA 창설
→ 1952	→ 1957	→ 1958
제트기 상업적 여객수송	인공위성 발사(소련)	인공위성 발사(미국)
→ 1961	→ 1969	→ 1970
소련우주비행사(가가린) 우주비행	달표면 착륙	보잉 747 개발
→ 1981	→ 1983	→ 1993
우주왕복선 콜럼비아호	TGV 서비스 시작(프랑스)	영불해협 터널 개통

자료: Leonard C. Bruno, 1993 재정리.

제1차 세계대전 때에는 가스추진 비행기가 발명되었고, 제2차 세계대전을 겪으면서 혁명적인 발전이 계속되어 1952년에는 마침내 상업용 제트비행기가 날았으며, 보잉 747, 그리고 유럽의 에어버스와 콩코드의 탄생으로 초음속비행시대로 연결되었다.

항공여행과 자동차의 발전은 철도교통시스템의 쇠퇴를 가져왔으나, 일본의 고속철도 시스템은 성공적인 사례로 평가되고 있다. 또한 헬리콥터, 수중익선, 공기부양선, 핵추진 잠수함, 냉동선, 오토바이, 장거리버스, 대형 유조선 등의 전문화된 교통체계가 개발되었다.

인류는 1961년에 우주비행을 시작하였고, 1969년에 달 표면에 착륙하였다. 인류는 금세기에 우주관광의 시대를 맞게 될 것이다.

3. 관광과 여행

1) 세계사에서 본 여행

세계관광사는 관광학의 발전지역을 중심으로 서적이 편찬되고 연구된 것을 발견할 수 있으며, 이러한 이유로 구미서적에서는 산업혁명을 중심으로 관광현상을 정리한 저서와 인류역사의 시작과 함께 관광현상을 정리한 두 가지 관점의 저술이 발견된다.

전자는 현대적 관광 개념이나 정의에 맞추어 분석하여 기술하였고, 후자는 현대적 관광에 영향을 준 흔적에 초점을 맞추어 기술하였다고 볼 수 있다. 그러나 이러한 세계관광사의 기술방법은 서양사 입장에서만 기술함으로써 일어난 결과이지, 결코 전체 세계사 측면에서 기술한 방법이 아니라는 문제점을 안고 있다.

더욱이 아쉬운 점은 동양의 일본·한국·중국에서 쓰인 관광학 서적에서조차 이를 단순 번역하여 인용함으로써 로마패망 이후 사라센이나 인도·중국지역의 강성한 통일국가 출현과 동서교역의 활발한 활동 및 위대한 여행가들의 활동을 기술하지 못한 문제를 안고 있다. 따라서 이제까지의 기술방법은 대부분 그리스·로마시대 관광현상의 태동에 관해 기술하고, 로마패망 이후 산업혁명 전까지의 중세 암흑기는 십자군전쟁이나 그랜드 투어(Grand Tour)의 시대를 제외하고 관광현상에 대한 특별한 기록이 남아 있지 않다. 이러한 이유는 그 당시 중세유럽의 사회상이 봉건영주들의 자급자족경제 유지와 외래인에 대한 반감, 치안의 부재, 여러 질병의 만연 등을 이유로 하고 있으나, 세계사 측면에서 이 시기의 세계사중심은 사라센이나 당나라 그리고 최대의 영토를 보유했던 원나라로 옮겨 간 사실을 무시했기 때문에 일어난 결과라고 볼 수 있다.

로마패망 이후 세계관광사는 중동에서 중국으로 관광의 중심이 한 지역에서 다른 지역으로 옮겨가는 과정을 거치게 되었다.

이에 대한 근거로는 페르시아나 사라센, 당이나 송・원나라의 대상(大商)들의 이동이나 거대 통일국가의 관할하에서 보다 활발한 관광현상을 포착할 수 있기 때문이다. 특히 원나라는 여행이 보다 자유롭고 원거리를 이용할 수 있는 교통로나 지폐발명 등의 사회환경을 갖추고 있었다.

세계사에서 본 관광의 역사는 이제까지 관광관련 전문서적과 세계사연표를 중심으로 살펴보고 분석해보면 대체로 두 가지의 조류를 띠고 있다.

첫째, 국제관광의 의미를 대체로 국가 간 이동이라는 개념으로 설정하고, 참가인원이 소수이며, 그 당시의 사회적 분위기 속에서 일반인의 관광보다는 사료에 기록되거나 기록을 남길 만한 위치에 있는 사람을 중심으로 관광사를 기술하고 있다.

둘째, 관광학의 이론부분 중에서 원론이나 개론 서적의 경우 관광사에 대한 연구범위를 보다 자세한 부분까지 넓히려고 하고 있으나, 관광기업경영에 관한 서적들에서는 주로 산업혁명 이후 근대적 의미에서의 관광산업이 발전된 시기를 중심으로 사적(史的) 기술을 하고 있다.

세계관광의 사적(史的) 연구에 있어 개선해야만 될 과제는 사회현상을 기록하면서 너무 사건이나 특별한 연대를 고집함으로써 관광사와 같이 사회구조의 환경에 민감한 역사적 사실들을 종래의 역사학 연구방법으로 기록하는 부적절한 결과를 낳는 원인이 되었다.

이 점에서 사회사가인 브로델2)은 그의 논문 "역사와 사회과학"에서 시간지속의 중요성을 강조하고 장기지속이 역사학에 있어서 핵심적일 뿐 아니라 시간지속의 다양성에 대한 인식이 인간과학의 필수적인 공통의 방법론이라는 의견을 제시하고 있다.(신용하, 1982: 20~21)

---

2) 브로델은 프랑스 아날학파의 거장으로 사회적 시간지속의 다양성을 기본적으로 구분하여 ① 단기지속, ② 중기지속, ③ 장기지속으로 나누고, 단기지속을 사건, 중기지속을 국면, 장기지속을 구조와 연결시키고 있다.

종래의 역사학연구에 있어서 큰 문제점 중의 하나는 계속하여 일어나는 중요한 사건들을 숨 가쁘게 서술하는 사건사(事件史) 중심이었다는 것이다. 따라서 앞으로 역사학은 장기지속의 구조연구로 시간지속의 다양성에 대한 인식이 중요하다는 것이다. 한편 코카[3]는 사회사는 부문과학이라고 보고, 부문과학으로서 사회사는 사회적 구조, 과정, 행동, 고용관계, 직업구조, 분업과 전문화, 가족, 인구, 세대, 여가, 여성해방 등 개인과 국가 사이에 있는 여러 부분들을 다루는 역사라고 정의하고 있다. (신용하, 1982: 26~27)

세계사에서 본 관광의 역사에서 국제관광사를 가능한 한 전체 사회사를 연구하는 시각으로 재구성해 보면 다음과 같다.

황하나 나일강을 중심으로 한 인류의 고대문명은 그리스·로마시대 전까지 고대문명의 발원지로서의 역할을 수행하였으며, 로마의 패망과 함께 중동지역의 국가들과 진·한을 중심으로 한 중국지역으로 역사의 중심이 이동하였다. 중국의 수(隋)·당(唐)·송(宋) 시대에 유럽은 게르만민족의 대이동으로 인한 혼란기를 겪게 되면서 이들의 이동은 처음에는 동로마제국으로 향했으나, 이후 그 방향은 서로마제국의 각 영토에 쇄도했고, 그 결과로 유럽은 대혼란이 일어나서 로마제국도 망하는 원인이 되었으며, 중세유럽은 암흑기에 들어서게 되었다. 이후 세계역사의 흐름은 아랍의 패자 사라센과 대제국을 건설한 원나라의 활동으로 이어지고, 곧이어 유럽 각국을 중심으로 한 대항해·모험의 시대를 맞게 되면서 국제간 이동이 활발해졌으며, 특히 산업혁명의 시작은 근대적 국제관광의 기틀을 형성하게 되었고, 식민지 경쟁과 더불어 교통로와 교통기관의 눈부신 발전을 가져오게 되었다.

또한 제1차·제2차 세계대전 후 항공산업의 발전은 국제관광의 대량화시대를 여는 결정적 원인을 제공하였다. 이러한 흐름을 배경으로 사회사적 관점에서 시대구분을 하면 [그림 1-2]와 같다.

---

3) 독일의 사회사학자이며, 그의 논문 "사회사−구조사−전체사회사"에서 사회사·구조사·전체사회사의 개념과 성격을 밝혔다.

그림 1-2 세계관광사의 시대구분

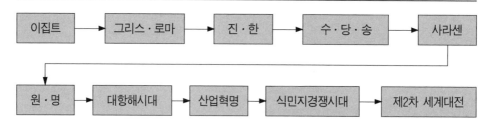

2) 관광용어의 기원

(1) 서구의 기원

관광이라는 언어의 사용시기를 전후하여 당시 사회상을 살펴보면 관광현상의 역사적 기원을 추정하는 데 많은 도움이 될 수 있다. 우선 서구에서의 관광용어의 기원은 희랍어 Tornus에서 시작되었다는 것이 정설이다. Tornus의 의미는 원을 그리는 도구라는 단어로서 회전(turn)의 의미를 갖고 있는 라틴어 단어에서 파생하였다(Boorstin, 1964: 85). 당시 희랍사회는 백여 개의 섬을 중심으로 한 경제적 환경을 유지하고 있었고, 해안과 섬으로 이루어진 지리적 특성으로 교역이 활발하여 지중해를 중심으로 BC 7~8세기에는 해상무역이 활발했던 환경을 갖추고 있었다. 특히 희랍신화나 호메로스의 「일리아스」에서 보듯이 교통에 필요한 시설의 발달은 미흡하였지만 대체로 교역이 활발했던 시기라는 것을 알 수 있다.

(2) 동양의 기원

동양에서는 중국 주(周)나라 시대의 경전 「역경(易經)」에서 처음으로 관광(觀光)이라는 용어가 발견되고 있다(김진섭, 1995: 9). 일설에는 「역경」의 완성기가 주나라(BC 1120~722) 혹은 춘추시대(春秋時代) 중기 무렵(BC 646~636)이라고 하므로 관광용어의 사용시기는 내용으로 보아서 춘추시대로 보는 것이 타당한 것으로 생각된다. 그 이유는 당시의 주나라나 춘추시대의 사회상은 주나라의 목왕(穆王)이 서방을 133일 동안이나 여행했다는 기록4)도 나오고(蘇芳基, 中華民國 77:2~3), 춘추시대에는 제자백가(諸

---

4) 최초의 관광여행자로 기록하고 있으며, 더욱 자세한 기록은 「대세계의 역사」, 제2권(삼성출판사, 1990) pp. 53~54에 자세한 기록이 있다.

子百家)가 주유천하(周遊天下)를 할 수 있는 사회분위기여서 어느 정도 이동의 분위기가 우호적이었다고 생각된다. 따라서 개인의 간헐적인 활동보다는 전체적인 사회분위기에 의하여 관광이라는 새로운 용어가 탄생하였다는 설(說)이 타당하다고 보아 춘추시대부터 쓰였다고 생각된다.

(3) 한국의 기원

한국의 입장에서 관광이라는 용어의 사용시점에 대한 정확한 기록을 찾을 수는 없으나, 대체로 한자의 유입이 BC 300년(한국정신문화연구원, 1992: 7)인 점으로 보아 BC 300년 이후에 쓰였다고 생각된다.

또한 자료로서 관광이라는 용어가 나타난 것은 신라시대 최치원의 시문집 「계원필경(桂苑筆耕)」에서 '관광육년(觀光六年)'이라는 말이 나오는데, 여기에서의 의미는 '과거를 보러 감'의 뜻으로 해석되나, 오늘날의 관광의미를 포함하여 해석하면 '과거 볼 목적으로 관광을 감'의 뜻으로 볼 수 있다.(윤대순, 1992: 40)

고려시대에는 고려 예종 1115년에 「고려사절요」에 처음으로 쓰기 시작한 것이 보이고 있다(손대현, 1989: 100). 이 무렵의 사회상을 살펴보면, 송나라로부터 상인들이 교역을 목적으로 빈번하게 고려에 출입하고 있었으며, 특히 동·서 여진이나 심지어 아랍지역의 상인들이 방문하여 한국의 이름이 외국에까지 알려지는 시기였다.

우리나라의 상황이 처음으로 외국에 알려진 시기는 신라시대라는 기록이 나타나지만, 우리나라가 본격적인 국제관광의 분위기를 갖던 시기는 고려시대라고 생각된다. 따라서 우리나라에서 관광용어의 최초 사용시기는 BC 300년에서 587년5) 사이인 것으로 추정되며, 관광현상의 본격적인 분위기가 형성되는 시기는 고려시대라고 판단된다.

관광어원의 발생시기와 그 당시의 사회상을 비교해보면 <표 1-1>과 같다.

---

5) 최치원의 생존시기가 587년경이므로 이 시기를 관광용어의 최초 사용시기라 할 수 있다.

표 1-1 관광용어의 어원 및 사회상 비교

지 역	서 구	중 국	한 국
어원의 발생시기	그리스(BC 7~8세기)	주나라(BC 1120~722), 춘추전국(BC 646~636)	한자 전래시기(BC 300), 신라시대, 고려시대
사회상	BC 7세기경으로 대규모 식민운동과 동방무역의 왕성 등으로 이동이 활발했던 시기임	주의 목왕이 서방을 여행했다는 등의 기록도 있고, 춘추전국시대의 제자백가의 주유천하하던 모습에서 이동의 분위기를 엿볼 수가 있음	송 상인의 무역을 목적으로 하는 방문이 빈번했고, 여진이나 아랍지역 상인들의 잦은 방문을 볼 수 있으며, 역참의 정비로 인한 사신왕래나 상인들의 이동이 불교문화의 융성과 함께 빈번했던 시기임

3) 여행과 관광의 관계

1890년대 중반까지 '관광'이라는 개념보다 '여행(travel)'이라는 개념의 용어가 사용되었으나 한국에서 현재 사용하고 있는 '관광'의 용어는 한국·일본·대만에서 많이 사용되고 있는 용어이고, 중국 현지에서도 주변국의 영향으로 사용하고 있다.

현재의 '관광'은 일본이 서구의 여행관련 서적을 번역하면서 '관광'의 용어를 사용한 것을 한국의 학자들이 그대로 사용하면서 공용되고 있고, 관광의 현상을 산업경제적 측면에 초점을 두고 강조하면서 '여행'보다 '관광'이란 용어를 더 많이 사용하고 있다. 반면 중국 현지에서 사용하고 있는 '여유(旅游)'의 개념은 '여행(travel)'의 개념이고, '관광'은 '여행'의 하위 개념으로 보고 있다.

한자문화권의 중심인 중국이 현재 사용하고 있는 '여행'에 해당하는 '여유(旅游)'를 사용하고 있는 것을 보면 '여행'의 개념은 '관광'의 개념을 포괄하고 있는 상위개념이라고 할 수 있다.

또한 지(Gee)는 관광을 '여행의 한 분야'라고 하였고, 밀과 모리슨 (Mill & Morrison)은 '여행하는 사람들이 참여하는 활동이 관광'이라고 보았다. 한국의 손대현도 '관광'을 여행의 한 형태라고 하였다. 이는 여행자 중심의 활동이 강조되고 여행이 갖는 사회문화적 효용이 강조된 개념이라고 볼 수 있다.

동서양을 막론하고 여행과 관광의 개념을 동일시하거나 혹은 혼용하고 있는 이유는 여행과 관광이 모두 이동을 전제로 하고 있고 여행은 여행자의 사회문화적 욕구 충족에 대한 동기를 가지고 있기 때문인 것으로 생각된다.

따라서 본서에서는 여행과 관광이라는 용어는 동의개념 내지 유사개념으로 보고, 여행의 어원들을 종합해서 여행이란 자유의사를 반영한 이동을 전제로 하며, 일상생활권을 떠나 거주지를 이탈하였다가 다시 거주지로 돌아오는 동안의 체험과정의 총제라고 할 수 있다. 그러나 여행이나 관광은 소비행위를 수반하기 때문에 직업상 일시적으로 거주지를 떠나는 것이나 통근·통학 같은 반복적 생활수단의 이동은 생산적인 경제활동으로 간주되어 여행이나 관광이라고 보지 않는다.

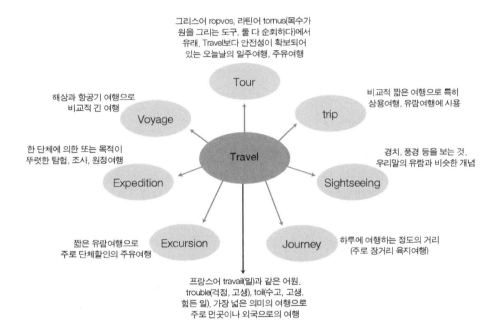

여행의 구성요소

1. 여행의 구성요소

현대사회에서 주목받고 있는 여행은 사회현상으로 복잡하고 다면적이기 때문에 여행의 구성요소를 밝히는 것은 쉬운 일이 아니다. 여행의 구성요소는 여행 중에 일어나는 기본적인 여러 활동으로 과거에는 여행구조를 베르네커(G. Bernecker)가 제시한 주체·객체·매체라는 요소로 인식하고 이해하였다.

여행의 주체는 여행객(tourist), 여행객체는 여행대상으로 관광지 및 관광자원(tourism attractions or region), 여행매체는 여행의 주체와 객체를 연결해 주는 매개역할을 하는 시설과 기업 그리고 공공기관을 말한다.

이러한 관점은 여행의 현상을 구조적 체계로 인식한 결과라고 할 수 있고, 근자에 와서는 현대사회의 사회구조체계를 반영한 이론인 군(Clare A. Gunn)의 여행구조 체계이론이 좀더 설득력을 가지게 되었다. 그 이유는 여행이 지속 발전하면서 여행의 다양한 현상을 기능적 체계로 인식하고 여행시스템의 구성요소도 다변화하며 확대되고 있기 때문이다.

군은 여행구성요소를 수요측면에서 여행객(tourist), 공급측면에서 교통(transpotation), 매력물(attraction)인 관광자원, 서비스와 시설(service & facilities), 정보(information) 등 5가지를 제시하고 있다.

1) 여행객(tourist)

여행객은 여행수요시장을 구성하는 중요한 요소로서 여행 의지와 욕구를 가지고 직접 여행에 참가하며 여행에 필요한 비용을 지급할 능력을 갖고 있는 사람들로서 여행주체의 기능을 가지고 있다.

2) 교통(transpotation)

교통은 여행객의 거주지와 여행목적지, 여행목적지와 목적지 간을 연결시켜주는 매체로서 육상·해상·항공 등의 교통수단을 말한다. 또한 교통은 여행이 이동을 전제로 시작하는 인간활동이므로 여행과는 불가분의 관계에 있다. 이 교통수단의 다양성·편리성 등은 여행목적지의 접근성에 중요한 성패요인으로 작용한다.

3) 매력물(attraction)인 관광자원

매력물인 관광자원은 여행객의 여행행동을 유발하여 여행객이 즐기면서 이용하는 관광자원을 말한다. 건축물·명승지와 같이 유형적인 것, 언어·습관·풍습·관습과 같이 무형적인 것, 산·바다·온천·동굴·경승지와 같은 자연자원을 포함하고 있고, 이 매력물에는 정부기관이 관리하는 공적시설 매력물, 상업적으로 운영되는 시설매력물 등이 포함된다.

4) 서비스와 시설(service & facilities)

여행산업에 제공되는 서비스 그 자체와 호텔, 모텔, 레스토랑, 바(bar), 소매점, 그리고 여행정보센터 등의 기타 서비스시설이 있다. 여행객이 이들 서비스와 시설을 얼마만큼 이용하느냐가 공급에 영향에 미친다.

5) 정보(information)

여행객은 여행에 필요한 정보를 수집하고 가치를 평가하여 관광목적지에 대한 의사를 결정하므로, 정확하고 유익한 정보를 제공하고 안내 및 설명하는 것이 중요하다. 따라서 여행지와 관련된 정보와 지식은 여행객에게 제공하여 여행 의사결정에 영향을 미쳐 구매행동을 유도하는 기능을 가지고 있다.

그림 1-3 여행의 구성요소

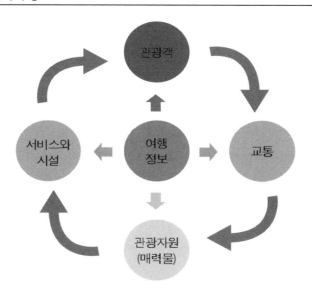

2. 여행의 형태

여행의 형태는 여행객의 여행 동기나 목적에 따라 다양하지만 다음과 같이 4가지 형태로 분류할 수 있다.

1) 피스톤(piston)형

여행객이 단일 여행 목적지까지 직행하여 목적지에서만 체류하고 동일한 경로로 출발지로 되돌아오는 가장 단순한 여행의 형태이다. 즉 여행객이 여행목적지를 왕복하는 데 단순왕복 이동하는 코스이다. 이 방문일정은 다른 형태의 여행보다 짧으며, 여행비용이 저렴한 특성을 가지고 있다.

그림 1-4 여행의 형태와 종류

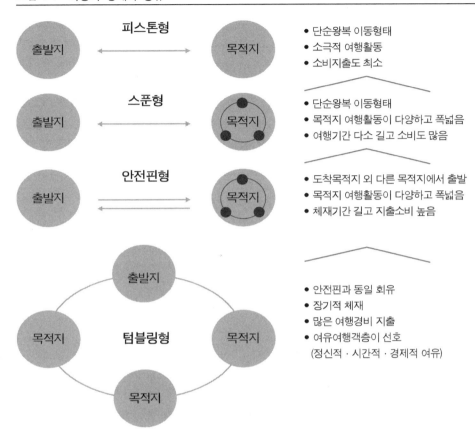

- 단순왕복 이동형태
- 소극적 여행활동
- 소비지출도 최소

- 단순왕복 이동형태
- 목적지 여행활동이 다양하고 폭넓음
- 여행기간 다소 길고 소비도 많음

- 도착목적지 외 다른 목적지에서 출발
- 목적지 여행활동이 다양하고 폭넓음
- 체재기간 길고 지출소비 높음

- 안전핀과 동일 회유
- 장기적 체재
- 많은 여행경비 지출
- 여유여행객층이 선호
  (정신적 · 시간적 · 경제적 여유)

2) 스푼(spoon)형

여행객이 거주지에서 여행목적지를 왕복하는데 여행일정이 동일하고, 왕복 직행이지만 목적지 내의 여러 곳에서 휴식 등 여가를 즐기는 여행 또는 유람하는 형태이다. 즉, 출발지에서 주 목적지까지의 왕복은 같은 경로를 통해 직행하지만 목적지에서의 이동이 좀더 폭넓게 이루어지는 여행의 형태이다.

3) 안전핀(pin)형

여행객이 출발지에서 여행목적지에 도착한 다음, 다시 스푼형처럼 주변 관광지 등 여러 곳을 여행한 후에 돌아올 때는 출발경로와는 다른 경로를 거쳐 최초 출발지로 돌아오는 여행의 형태이다. 이 형태는 피스톤형이나 스푼형보다 여행경비의 지출이 높다.

4) 텀블링(Tumbling)형

여행객이 거주지를 출발하여 부근의 여행지뿐만 아니라 서로 다른 2개 이상의 여행목적지를 여행하는 형태로 되돌아올 때까지 여행을 계속적으로 반복하므로 체류기간이 길고 여행소비가 높은 것이 특징이다. 순수여행, 위락여행에서 많이 볼 수 있으며, 비교적 체류기간이 길어 여행소비가 많고 자유로운 여행형태이다.

3. 여행의 분류

여행의 종류는 분류기준에 따라 다양하며, 일반적으로 여행목적, 여행규모, 여행상품 기획주체, 안내조건, 숙박 유무, 비자소지내용, 여행형태, 여행방향, 이용 교통수단에 의한 분류 등에 따라 분류할 수 있다.

1) 여행목적에 의한 분류

(1) 여가여행(pleasure travel)

순수하게 여가목적으로 하는 비교적 자유로운 여행으로서 휴식, 새로운 이문화체험, 스포츠 관람, 레크리에이션 활동 참가 등 즐거움을 추구할 목적으로 하는 여행이다.

(2) 상용여행(business travel)

업무 또는 사업을 목적으로 하는 여행으로서 여가여행 혹은 관광여행의 상대적 개

넘이다. 국제회의 참가, 전시회·박람회 참가, 학회 참가, 인센티브여행, 신상품 촉진 활동, 자선단체 및 NGO 활동 등의 목적을 띤 상용여행이 점점 증가하는 추세이다.

2) 여행규모에 의한 분류

(1) 개인여행/개별여행(Individual tour/Free Independant Travel)

개인여행 혹은 개별여행은 여행객 본인의 의사에 따라 여행일정을 정하고 항공과 숙박 등을 수배하고 자유롭게 여행을 즐기는 형태로서 일반적으로 10명 미만의 여행을 말한다. 요금책정기준을 10명 미만으로 정한 이유는 항공사나 호텔에서 10명 이상을 기준으로 단체요금을 적용하기 때문이다. 따라서 개인여행 혹은 개별여행은 단체여행에 비해 대량판매의 가능성이 낮아 수익성이 낮은 편이나 최근 모든 여행사에서는 개인여행을 위한 최소인원 출발이 보장이 되는 단체를 만들어 여행상품의 다양화를 꾀하고 있다.

(2) 단체여행(Group Tour)

단체여행은 여행사에서 모든 일정을 수배·안내하는 형태로 패키지여행과 단체 참가자 및 단체주최자의 주문에 의해 일정을 수배·안내하는 인센티브 단체여행이 있다. 일반적으로 단체여행이란 10명 이상이 되어야 하고 같이 출발하여 동일한 여행동기를 갖고 같이 출발하는 여행으로, 각 항공사의 단체요금 적용에 따라 10+1 FOC, 15+1 FOC 원칙을 적용하여 단체할인의 혜택을 준다. 단체여행은 여행객 입장에서 처음 여행목적지를 방문할 때 시간대비 비용대비 가장 효율적인 여행을 경험할 수 있는 장점이 있으나 일정에 명시된 공통적인 일정을 충실히 이행해야 하기 때문에 여행객의 희망일정이나 여행객 개개인에게 자유시간 제공이 불가능하다는 것이 단점이다.

한편 여행사 입장에서는 단체여행은 항공사·호텔과 각종 여행관련 시설업자들에게 요금을 할인받아 여행상품을 구성해 여행객에게 대량판매가 되면 그에 따른 수익성을 높일 수 있는 장점을 가지고 있으나, 계절에 영향을 받고 있고 정치나 사회문화적 환경에 영향을 받는 산업구조적 단점을 가지고 있다.

3) 여행기획의 주체에 의한 분류

(1) 주최여행

여행사가 독자적으로 여행상품을 기획하고 판매하는 여행으로 여행사가 사전에 수요를 예측하여 여행일정 · 여행조건 · 여행경비 등을 책정하여 여행객을 모집하는 단체여행을 말하며, 패키지여행 혹은 기획여행이라고도 부른다.

(2) 공동주최여행

여행사가 단독으로 여행상품을 기획하는 것이 아니라 각종 단체의 의사결정권자와 협의하여 공동으로 여행상품을 기획하고 판매하는 단체여행이다.

(3) 주문여행

개인이나 단체의 요구대로 일정을 작성하고 그 일정을 근거로 여행조건에 맞는 여행의 총경비를 청구하는 형태로 수배여행이라 부르기도 한다.

4) 안내원의 동승조건에 의한 분류

(1) IIT(Inclusive Independent Tour)

여행출발 시에 국외여행인솔자가 동반하지 않고 목적지에 도착한 후 현지 가이드가 나와서 여행안내 서비스를 하는 여행형태로서 Local Guide System이라 부른다. 보통 10명 이하의 소그룹 단체여행이 여기에 해당한다.

(2) ICT(Inclusive Conducted Tour)

여행출발 시 국외여행인솔자가 전 여행기간 동안 동반하여 안내하는 여행형태로서 15+1 FOC 이상의 단체여행이 여기에 해당한다. 그러나 만약 10명인 소그룹이 여행 인솔자의 동반 안내를 요청할 경우에는 항공사에 AD(Agent Discount)를 신청하여 항공요금을 할인받고 인솔자의 경비를 추가로 청구하는 방식으로 진행할 수 있다.

(3) FIT(Free Independent Tour)

개인여행 또는 개별여행으로 지칭되는 약어로서 배낭여행객, 탐험여행객, 생태여행객 그리고 상용여행객, 컨벤션참가 여행객이 FIT에 해당한다.

5) 숙박 유무/여행기간에 의한 분류

(1) 당일여행

여행을 간 당일에 여행목적지에 1박 이상을 체류하지 않고 되돌아오는 여행이다. 직장이나 거주지 근처에서의 규칙적인 산책·등산·취미활동 등 일상적인 여가활동 등은 포함되지 않는다.

(2) 숙박여행

거주지 혹은 일상생활권을 벗어나 최소한 1박 이상을 여행목적지에서 체류하는 여행으로 장기숙박여행과 단기숙박여행이 있다. 하루 24시간 이상 숙박하지 않고 다녀오는 무박여행도 숙박여행에 포함된다.

6) 출입국수속/입국비자의 유무에 의한 분류

(1) 기항지상륙여행

목적지가 제3국인 통과 여행객을 위해 비자 없이 항공권 소지만으로 입국을 허가하는 제도(TWOV)의 한 형태로, 기항지상륙은 72시간 내에 예약이 확약된 연결편 항공권을 소지해야 한다. 현지공항에서 입국 시에 필요한 입국신고서를 작성해야 하고, 반드시 제3국으로 출국해야 한다.

(2) 통과상륙여행

목적지가 제3국인 통과여행객을 위해 비자 없이 항공권 소지만으로 입국을 허가하는 제도의 한 형태로, 통과상륙은 도착일을 제외하고 72시간 이내에 예약이 확약된 연결편 항공권을 소지하고 공항 또는 항구를 이용해서 제3국으로 출발해야 한다.

(3) 일반 관광여행

체류목적에 맞는 정식 비자를 받고 입국하는 입국비자(Entry Visa) 여행과 국가 간 비자면제협정국가에 한하여 비자 없이 방문여행국을 입국하는 노비자(No Visa) 여행이 있다. 체류일자는 국가간의 비자협정에 따라 달라진다.

7) 여행형태에 의한 분류

① **패키지여행**(Pakage Tour) : 기획여행(Ready Made Tour)이라 불린다.
② **유람선여행**(Cruise Tour) : 관광 유람선여행
③ **인센티브여행**(Incentive Tour) : 업계에서 패키지가 아닌 단체를 부르는 용어
④ **MICE여행**(Meeting, Incentive, Convention, Exhibition Tour) : 미팅, 인센티브(포상/보상), 컨벤션, 전시박람회를 참가하는 여행
⑤ **초대여행**(Familization Tour) : 팸투어라고 부르고, 항공사나 관광기관 등이 상품 홍보를 목적으로 여행업자나 언론사관계자 등을 초청하여 관광을 시키고 관광시설, 관광자원 등을 시찰시키는 여행
⑥ **견학여행**(Technical Tour) : 기관이나 공장의 시설견학을 목적으로 하는 여행
⑦ **신혼여행**(Honeymoon Tour)
⑧ **배낭여행**(Back pack Tour)
⑨ **테마여행**(Theme Tour) : 관심이 있는 내용 중심의 주제여행
⑩ **특수목적여행**(Special Interest Tour) : 특별한 흥미나 관심이 있는 내용을 중심으로 기획한 주제여행·테마여행으로, 특별한 목적을 가지고 여행지를 방문하는 여행

8) 여행방향에 의한 분류

① **국내여행**(Intrabound tour, Domestic tour) : 내국인의 국내여행을 말한다.
② **국외여행**(Outbound tour) : 내국인의 국외여행을 말한다.
③ **국제여행**(Inbound tour) : 외국인의 국내여행을 말한다.

9) 항공기 노선구조에 의한 분류

① **편도여행**(One-way trip)
② **왕복여행**(Round trip)

표 1-2 여행의 분류

① 여행목적에 의한 분류 　ⓐ 여가여행 　ⓑ 상용여행 ② 여행규모에 의한 분류 　ⓐ 개인여행 　ⓑ 단체여행 ③ 여행기획자에 의한 분류 　ⓐ 주최여행 　ⓑ 공동주최여행 　ⓒ 주문여행 ④ 안내원 동승조건에 의한 분류 　ⓐ IIT(Inclusive Independent Tour) 　ⓑ ICT(Inclusive Conducted Tour) 　ⓒ FIT(Free Independent Tour) ⑤ 여행기간에 의한 분류 　ⓐ 당일여행 　ⓑ 숙박여행 ⑥ 출입국수속에 의한 분류 　ⓐ 기항지상륙여행 　ⓑ 통과상륙여행 　ⓒ 일반 관광여행 ⑦ 여행형태에 의한 분류 　ⓐ 패키지여행 　ⓑ 순항유람선여행	ⓒ 국제회의여행 　ⓓ 초대여행(familization tour) 　ⓔ 견학여행(technical tour) 　ⓕ 신혼여행(honeymoon tour) 　ⓖ 전시회 참가여행(exhibition tour) 　ⓗ 배낭여행(back pack tour, knap sack 　　tour) 　ⓘ 테마여행(theme tour) 　ⓖ 특수목적형 여행(special interest tour) ⑧ 여행방향에 의한 분류 　ⓐ 국내여행 　ⓑ 외국인 국내여행 　ⓒ 국외여행 ⑨ 항공기 노선구조에 의한 분류 　ⓐ 편도여행(one-way trip) 　ⓑ 왕복여행(round trip) 　ⓒ 순환여행(circle trip) 　ⓓ 가위 벌린 여행(open-jaw trip) 　ⓔ 세계일주여행(around the world trip) 　ⓕ 숙박통과여행(overnight transfer trip) ⑩ 이용교통수단에 의한 분류 　ⓐ 항공여행(air travel) 　ⓑ 육상여행(land travel) 　ⓒ 해상여행(ocean and see travel)

③ **순환여행**(Circle trip)
④ **가위 벌린 여행/설형 여행**(Open-jaw trip)
⑤ **세계일주여행**(Around the world trip)
⑥ **숙박통과여행**(Overnight transfer trip)

10) 이용교통수단에 의한 분류

① **항공여행**(Air travel) : 항공과 여행을 결합한 개념의 여행으로 신속성·쾌적성·안전성 등의 장점이 있어 현재 가장 널리 이용되는 여행유형의 하나이다.
② **육상여행**(Land travel) : 기차·버스·렌터카 등을 이용하여 여행하는 유형이다.
③ **해상여행**(Ocean and Sea travel) : 크루즈여행이 대표적이라고 할 수 있다.

여행의 현상

1. 여행의 증가요인

1) 경제수준의 향상

급속한 경제성장과 경제구조의 변화는 특정 계층인 소수의 특권층만이 누릴 수 있는 여가의 개념을 일반 대중으로 확대시켰다. 가계단위의 여가소비 지출비용은 경기변화나 소득변화에 민감하게 반응한다. 2017년 우리나라 국민의 해외출국자 수는 2649만 명으로 해외여행객 수는 경제발전에 따른 1인당 국민소득의 증가에 따른 요인으로 볼 수 있다. 가처분소득이 늘어나면 일반적으로 소비가 증가하고, 이는 소득증가로 이어지는데, 가처분소득의 증가는 여가성 소비를 증가시켰다. 특히 생활수준의 향상으로 의식주의 비용보다 교육비·외식비·여행 등 소비가 증가하게 된다.

2) 여가시간의 증가

우리나라는 2003년 9월 근로기준법이 개정·공포되어 주 5일제가 단계적으로 시행(1일 8시간, 주 40시간 근무제 도입)되면서 여가시간이 늘어나 여행이 증가하고 있다. 공공기관 및 대기업에서 주 5일 근무로 인한 근무시간의 축소는 여가시간에 여행을 하여 관광이 국민생활의 새로운 트렌드로 활성화되는데 기여하였다. 21세기 지식·디지털경제 시대에 여가는 또 다른 부가가치를 만들어내는 경쟁력의 원천이다(강신겸, 2001).

3) 교육수준의 향상

우리나라 고교생의 대학진학률은 71% 수준으로 경제협력개발기구(OECD) 국가 평균인 56%에 비해 매우 높은 수준이다(연합뉴스, 2016. 1.13.). 교육수준이 높을수록 지적호기심과 지식충족욕구가 높아져 사회활동의 반경이 넓어지게 된다. 따라서 간접적인 경험에서부터 역사·문화·자연 등의 관련지식을 직접 현장에서 확인하고 체험하고자 한다. 이러한 자기계발과 재충전을 위한 지적욕구는 여행수요의 증가에 크게 기여하고 있다.

4) 라이프스타일의 변화

과거에는 여가시간에 독서, TV 시청, 집안에서의 휴식 등 정적(靜的) 여가를 즐겼다면 최근에는 등산·낚시·스키·골프 등 스포츠관련 활동 등 동적(動的) 여가를 즐기는 현상이 점점 증가하고 있는 추세이다. 개인이나 단체가 공유하고 있는 독특하고 특정적인 생활방식의 하나인 라이프스타일은 재화의 양보다는 생활의 질에 더 관심을 갖는 경향이 있다. 여행은 단순히 유람의 차원이 아니라 해외여행을 통해 세계에 대한 지식과 견문을 넓히는 기회가 되고, 자아실현의 계기가 된다.

5) 교통수단의 발달

선박·자동차·철도·항공교통수단의 발달은 장거리 여행을 가능하게 했고, 여행의 대중화에 영향을 미쳤다. 특히 고속철도와 항공교통의 대형화는 여행의 심리적 거리를 단축시켜 줌으로써 해외여행을 용이하게 하고 짧은 기간에 많은 외국여행을 가능하게 했다.

6) 세계교역의 증대

무역박람회·전시회·상품교역전 및 대규모 국제행사를 유치하여 국가 및 지역 간 경제교류와 관광교류가 증가되었다. MICE(Meeting<기업회의>, Incentive Tour<보상·포상여행>, Convention<국제회의>, Exhibitions<전시회>)는 참석자가 지불하는 외화 수입 이외에도 전시회 개최를 통한 서비스교역의 확대, 국가 이미지 홍보 및 자긍심 고취 등 파급효과가 매우 크다.

7) 여행객 계층의 확대

경제의 주체인 성인남성부터 시작해서 여행객의 계층은 점점 다양화 되고 있다. 예를 들면, 어학연수·견학 등 지식추구를 위한 여가활동에 청소년 여행계층이 점점 확대되고 있고, 주부계층의 여가 증가, 가족단위의 여행객의 증가, 그리고 평균수명의 연장과 연금제도 등으로 노년층의 여행 증가 등 다양한 계층으로 확대되어 여행수요의 증가로 이어지고 있다.

8) 여행관련 제도의 개선

우리나라는 1953년부터 유급휴가가 법으로 보장되었고, 1989년 해외여행자유화를 보장함으로써 누구나 해외여행을 할 수 있는 권리가 주어져서 여행을 갈 수 있는 기회를 마련하였다. 특히 여권·비자발급의 완화 및 면제 제도, CIQ 등의 간소화는 해외여행의 증가를 확산시키고 있다.

2. 여행의 제약요인

1) 경제적 제약

소비자들은 개인이나 가족의 경제적 범위 내에서 규모 있는 소비활동을 한다. 여행은 필수재가 아니므로 소비의 우선순위에서 밀리는 것이다. 즉, 여행에 가장 큰 억제요인은 비용의 문제이다. 그러나 최근에는 여가개념이 소비활동이나 휴식의 개념에서 삶의 재충전과 학습이라는 긍정적인 개념으로 확장되었다.

2) 시간적 제약

여행욕구와 경제적 소비능력이 있다고 해도 시간적 여유가 없어 여행의 기회를 갖지 못하는 경우가 종종 있다. 시간적 제약요인은 바쁜 현대인의 생활 속에서 쉽게 찾아볼 수 있고, 이러한 시간적 제약은 경제적 제약과 함께 여행의 가장 큰 제약요인이 된다. 그러나 주 5일근무제 및 유급휴가 등의 확대실시로 환경이 많이 개선되고 있다.

3) 신체적 제약

여행은 이동을 기본 전제로 하는 신체적 활동이라서 신체적 장애나 건강이 좋지 못한 사람들 그리고 노약자들은 여행을 하는데 있어 물리적 제약을 받게 된다. 이러한 신체적 제약요인은 여러 가지 신체보조 기구의 발달과 물리적 시설의 확충으로 많이 개선되고 있다. 최근에는 장애인들을 위한 여행 프로그램 또는 노인층을 위한 실버투어 상품 등 여행 프로그램이 다양화되고 있다.

4) 정치적 제약

국외여행에 있어 방문국가의 국내 정치적 불안, 또는 자국과 해당국과 미수교 등으로 인해 여행이 제약을 받을 수 있다. 우리나라의 경우 비자면제협정을 체결한 국가를 방문할 경우는 문제가 없지만, 그렇지 않은 국가를 여행할 때에는 반드시 사전에 비자(VISA)를 받아야 한다. 국가 및 지역 간의 교역이 확대되어 가고 있어 정치적 제약요인은 항공 및 관광 협정의 체결, 사증발급의 완화 및 사증면제 제도의 확대시행 등으로 개선될 수 있다.

5) 테러 및 자연재해

일반적으로 사람들은 위험을 감수하면서까지 여행을 하지는 않는다. 미국의 9 · 11 테러, 이라크전쟁, 이스라엘 · 팔레스타인 분쟁 등은 여행에 제약요인이 되고 있으며, 동남아시아의 지진해일 '쓰나미'나 홍수 · 태풍 · 폭설 등과 같은 자연재해 또한 여행에 부정적인 제약요인으로 작용하고 있다.

6) 세계적 전염병

전 세계가 활발히 교류하고 있는 시대를 살아가면서 전 세계를 공포로 몰아넣는 것 중의 하나가 바로 전염병이다. 사스(SARS), 조류독감, 신종인플루엔자, 메르스는 전 세계를 불안에 빠지게 하고 일시적으로 여행을 중지시켜 여행을 억제하는 요인으로 작용했다.

제 2 장
여행업의 이해와 창업과정

여행의 탄생과 발전과정

1. 여행업의 탄생

1841년에 영국인 토머스 쿡(Thomas Cook)은 금주회의에 참여하는 570명의 철도승객을 위한 교통편을 수배하였다. 쿡은 러프버러(Loughborough)에서 레스터(Leicester)까지 열차를 전세 내어 승객들을 모집하여 금주회의에 참가시켰다. 1실링의 요금으로 십 마일 여행에서 승객은 차와 빵 및 음악을 제공받았다.

4년 후 1845년 쿡은 잉글랜드, 스코틀랜드 그리고 유럽을 통과하는 단체여행객의 철도와 기선을 관리하기 시작하였다. 철도회사에서는 그가 판매하는 승차권에 대하여 수수료를 지불하였다. 1855년에 그는 영국에서 파리의 산업박람회 전시장까지 최초로 국제적인 여행을 기획하였다. 그 다음 해에 그는 유럽대륙으로의 그랜드 투어(Grand Tour)를 운영하였다. 거의 혼자서 토머스 쿡은 여행사와 여행안내라는 두 가지의 중요한 개념을 창조하였다.

미국에서의 여행사의 자취는 1890년대 플로리다의 워드 포스터(W. Forster)라는 이름의 선물용품점 경영자활동에서 근원을 찾을 수 있다. 그는 지도, 철도 스케줄, 그리고 호텔 홍보책자를 연구했다. 손님이 근처 호텔에서 여행에 관한 질문을 할 때면, 프론트 직원에 의해서 포스터에게 보내졌고, 포스터는 그의 여행정보를 팔기 시작했다. 결국 기획된 지리학적 정보보다는 실질적인 여행에 대한 운영기술을 판매하였다. 'Ask Mr. Foster'는 세계에서 가장 큰 소매여행사의 체인 중의 하나가 되었다.(Foster, 1993: 2~3)

여행업의 효시를 이루는 위의 여행업활동은 오늘날에도 여행업 발전방향을 제시하는 중요한 지표가 되고 있다. 토머스 쿡은 여행업활동에서 단순히 티켓판매나 왕복이동의 개념만을 준 것이 아니다. 이동하는 여행자에게 필요한 휴식의 개념과 완벽한 즐거움을 제공하려는 노력이 여행업의 태동을 가져왔다.

초창기의 여행사에서는 단지 철도와 버스 및 기선표만 판매하였다. 그러나 항공여행의 탄생과 함께 여행사들은 하늘로 시선을 넓혔고, 오늘날 항공권 판매업무는 모든 여행사의 주된 수입원으로 자리를 잡았다. 대부분의 여행사에서 항공여행의 판매는 주된 사업이 되었다.

여행업은 가장 빠르게 발전하고 업무의 영역이 변화하는 역동적인 모습을 보이고 있다. 어떤 여행사는 가장 보수적인 소규모 여행업자의 모습을 보이기도 하고, 어떤 여행사는 종래의 업무범위를 벗어나는 분야에서 새로운 지평을 열기도 한다.

예를 들어 아메리칸 익스프레스(American Express)는 전통적인 여행업무보다는 금융부문에서 두각을 나타내고 있고, PIC(Pacific Island Club) 여행사나 클럽 메드(Club Med)와 같이 숙박업 및 관광자원을 직접 개발하여 이익의 극대화와 상품의 통제력을 높이거나 사업다각화를 통한 새로운 경영방식을 도입하기도 한다.

포스터 여행사의 경우와 같이 칼슨 트래블(Calson Travel)과 합병한 후에 다시 프랑스의 호텔 그룹인 '아코르'의 자회사인 왜건 리(Wagon Lee)와 합병하여 연매출액 108억 달러와 4,000여 개의 지점망을 갖고 있는 세계 최대의 여행사인 칼슨 트래블과 같은 성장 모습을 보여주기도 한다. 또한 구조적으로 광범위한 영업망과 다양한 인력을 필요로 하는 대기업형태의 여행사의 경우에는 매출액이나 규모를 측정하기가 어렵고, 역동적인 경영구조로 인하여 전통적인 방법의 규모측정이 어려운 특징을 보이기도 한다.

오늘날 여행업은 관광산업의 중추적인 역할을 수행하면서도 타 산업의 상품을 중개판매하거나 통제력이 약한 상태의 상품을 판매하는 데에서 오는 수익률의 약화에서 벗어나기 위한 고민에 빠져 있다. 그러나 여행업은 관광산업의 역동성과 함께 다양한 업무의 변화를 보이고 있다. 이러한 여행업의 변화는 미래에도 계속될 것이지만, 여행정보에 기반을 두어야 하는 점은 당분간 계속될 것이다.(김천중 외, 1998: 101~102)

2. 여행업의 발전과정

1) 외국 여행업의 발전과정

여행업의 시초에 대해 독일의 글릭스만(Glücksman)은 중세 마르세유 지방 기업가들의 성지순례를 위한 알선을 그 시초로 보는 경우도 있고, 14~15세기경 베니스에서 종교단체가 순례자들을 선박으로 운송한 것을 시초로 보고 있다.

반면 17~18세기에는 역마차사업이 등장하고 육상교통의 발달함에 따라 1822년 로버트 스마트사(Robert Smart Co.,)가 기선예약업무를 시작하였기 때문에 이를 여행업의 시초로 보는 견해도 있다. 이처럼 여행업의 시초에 대한 다양한 견해 차이가 있으나 여행업의 시초는 근대 여행업의 아버지라 불리는 영국의 토머스 쿡(Thomas Cook, 1808~1892)이 1841년 금주회의대회 참석을 위해 단체전용열차를 이용할 일반인들을 모집한 것이 시작이라고 보는 것이 일반적이다.

(1) 영국의 여행업

영국의 여행업은 1841년 근대 여행업의 아버지라 불리는 토머스 쿡에 의해서 시작되었다. 교회의 목사이자 열성적인 금주운동가였던 토머스 쿡은 1841년 7월5일 1,570명의 금주운동에 참여하는 회원단체를 구성해서 1인당 1실링의 운임을 받고 리세스터(Leicester) 역에서 러흐버러(Roughborough)역까지 15마일의 왕복기차여행을 제공하는 열차 9량을 전세 내어 최초로 단체 특별할인운임을 적용받았다.

이 경험을 바탕으로 토머스 쿡은 1845년 아들과 함께 토머스 쿡사(Thomas Cook & Son Ltd)를 설립하여 본격적인 여행업에 진출하였다.

토머스 쿡사는 1851년 런던에서 개최된 대박람회(The Great Exhibition) 때 미들랜드 철도회사(Midland Railroad Co.)와 업무제휴를 맺고 165,000명의 참가자를 송객하여 대성공을 거두었고, 1855년에는 파리에서 개최된 만국박람회에 관광객을 대량으로 모집해 참가하였으며(이것이 최초의 국제여행 기획상품이라고 할 수 있다) 그 이듬해인 1856년에 유럽으로의 그랜드 투어를 실시하기도 하였다.

또한 토머스 쿡사는 1862년에는 숙박과 교통을 함께 묶은 패키지 여행알선을 시도하였고, 1867년에는 호텔 숙박비 대신 지급할 수 있는 호텔 쿠폰방식을 소개하였는데, 이 쿠폰은 사용자의 신용을 바탕으로 만들어졌고, 오늘날 사용하고 있는 바우처

(Voucher) 시스템의 토대를 제공하였다. 그리고 여행자수표의 전신인 서큘러 노트 (circuler note)를 만들어 여행후불제를 정착시키는 데 기여하였다.

1872년에는 기선(汽船)을 이용한 세계일주관광단을 모집하고 222일 만에 성공적으로 첫번째 세계일주관광을 마쳐서 세계를 놀라게 하였다.

그후 더욱 새로운 형태의 알선업무를 추가하였는데, 국제침대차회사(Wagons-Lits)와 합병하여 성지순례여행, 이집트 피라미드와 나일강의 호화 유람선 여행, 독일의 라인강변을 방문하는 단체여행을 기획하여 성공을 거두었다.

토머스 쿡사는 뛰어난 기획력과 저렴한 운임 그리고 광고 및 선전을 통해 여행의 대중화에 크게 기여하였다.

현재 영국은 도·소매업을 분리하고 있지는 않으나 영국여행업협회의 구분에 의해 Tour Operator, Travel Agents, Tour Operator & Travel Agents, Branch Offices of Tour Operator and Travel Agent로 구분하고 있다. 각각의 기능면에서 Tour Operator는 패키지 여행상품의 기획 및 판매를 하고, Travel Agents는 여행객에게 여행에 필요한 정보제공의 기능을 담당하며, Tour Operator & Travel Agents는 일반 여행객에게 필요한 정보 제공 및 패키지 여행상품의 기획 및 판매를 하고, Branch Offices of Tour Operator and Travel Agent는 Tour Operator와 Travel Agents의 대리점으로 독립적 영업이 보장되고 본사에 수수료를 납부한다.

영국에서의 여행사 설립은 정부의 인허가과정을 거치지 않고 가능하나 합자회사로 설립할 경우에는 상무성에서 규정하는 일정 절차를 따르도록 하고 있다. 한편 소비자보호를 위한 보증보험 가입의무규정이 있는데 보험료는 여행사의 예상매출규모에 따라 차등 적용된다. 특히 패키지 여행상품을 취급하는 여행업체는 민간항공국 (Civil Aviation Authority)의 항공운송 허가규정(Air Operator License) 보증보험에 가입하여야 하며, 기타 일반 여행업체는 영국여행업협회 또는 Trave Trust Association의 보증보험에 가입해야 한다.

영국여행업협회는 여행사 종사원을 대상으로 각종 교육과정을 이수한 후 정부에서 인정하는 National Vacation Qualification 또는 Scottish Vacational Qualification 등의 자격증을 부여하고 있다. 따라서 여행업체 대리점은 직원 중 최소 1명은 영국여행업협회가 인정하는 자격증 소지자를 고용할 것을 의무화하고 있고, 인정자격 기준은 최소 2년 이상 관광관련 업체에서 근무해야 하고, 영국여행업협회 산하 교육기관에서 부여하는 COTAC Level 1을 획득하고 18개월 이상 업계에서 근무하였 거나 COTAC Level 2를 소유한 경우에는 1년 이상 업계에서 근무한 자로 인정하 고 있다.

여행사는 영국여행업협회(ABTA)에 약 5,000여 개사, 1,350여 개의 유관관계사, 900 여 개사의 투어 오퍼레이터가 가입되어 있고, 이 가운데 3,000여 개사는 개인경영업 체 등의 소규모 여행사들이며, 나머지 2,000여 개사는 멀티플(multiple)이라 불리는 대 형 6개 사의 계열이다. 대형 여행사로는 룬 폴리(Lunn Poly), 픽 포드(Pick Fords), 토머 스 쿡(Thomas Cook), 호그 로빈슨(Hogg Robinson) 등이 있다.(Goodal, B 1988: 71)

또한 에스코트여행 전문 Cosmos Tours & Cruises의 매출이 2010년 4사분기 동안 전년 대비 40%까지 증가한 것으로 나타났다. Kuoni 그룹은 Brussel에 기반을 두고 있 는 Best Tour를 인수했으나 금액은 밝혀지지 않았고, Best tour는 태국·중국·베트 남·남아프리카·이집트에 전문화되어 있으며 문화여행, 해변여행, 개인휴가 상품을 가지고 있으며 벨기에와 프랑스 시장에 주로 판매하고 있다. 이 회사는 1981년에 설 립되었고 35명의 정직원을 채용하고 있으며 2010년 3800만유로의 매출을 기록하였 다.(한국관광공사, 2011)

1993년 American Express사는 업무(비즈니스)전문여행사인 IEL을 인수했으며, 선두 업무전문여행사였던 Hogg Robinson은 휴가여행 부분에서 손을 떼고 휴가여행 대리 점을 Going Tour로 이름을 바꾼 Airtours에게 판매하였다.

Airtours는 1994년 다른 여행사 체인들을 인수하여 3년 동안 업계 2위의 자리에 올 랐다. 1993년 영국여행업협회(ABTA)에 소속된 여행사는 비소속여행사와 거래를 못하 게 하는 조약이 폐지되었다. 토머스 쿡 여행사는 American Express에 세계적으로 연 계되어 있던 업무영업망을 판매함으로써 업무여행사업 분야에서 손을 떼고 여행도 매업자였던 Sunworld 여행사를 인수했다. 미국의 Carnival Cruises사는 Going Places 의 모회사인 Airtours사 지분의 30%를 인수했다.

앞에서도 언급했지만 영국의 여행업계는 도매상과 소매상 등 기능상 분화 이외에 도 주력여행시장의 형태에 따라 상용여행자 전문여행사와 회사의 지원에 의한 여행 자를 대상으로 하는 인센티브 전문여행사 등으로 전문화되고 있다.

근대여행사의 시초 Thomas Cook & son Ltd.

- **1841년 7월 5일 금주회원 대상 당일기차여행**(Leicester-Loughborough)
  - Midland countries Railway로부터 5%의 수수료 받음
- 1851년 영국 만국박람회 방문자 숙박시설 제공
- 유람선사와 제휴해 대서양을 이용, 미국-유럽 간 여행사업 시작(귀족층 한정): 그랜드 투어 운영
- **1855년 영국에서 파리의 산업박람회 전시장까지 최초로 국제여행 기획**
- 1856년 Cook 'Tour of Europe' 기획·판매(현재 package tour 성격)
- 1866년 아들 John mason cook 미국여행 인솔(여행안내원제도 도입)
- 1867년 호텔쿠폰 최초 발행
- 1872년 최초 세계여행 실시(222일/25000마일)
- 1874년 뉴욕에서 circular note(여행자수표 형태) 발행. 여행후불제 정착
- 1898년 Holy land & Egypt(이집트 성지순례) 최초 동계 PKG 기획·판매
- 1908년 동계 스포츠 브루슈어 발행(최초 여행잡지 창간)
- 1919년 최초의 항공여행 여행사
- **2017년 기준 177년 역사.** 60개 호텔, 30대 항공기 보유 여행사로 성장
- TUI UK, My Travel Group, First Choice Holiday와 함께 영국 대형 여행사

자료 : http://thomascook.com

(2) 미국의 여행업

미국의 여행업은 1850년 아메리칸 익스프레스(American Express)사 등장으로 시작된다. 이 회사는 영국의 토머스 쿡사와 더불어 세계 여행업의 역사를 주도해 오고 있다.

이 회사는 역마차회사인 웰스 파고(Wells Fargo, Co.)가 설립모체로, 1858년 애틀랜틱 로열 기선회사(Atlantic Royal Steamship, Co.)의 예약대리점으로 여행업무를 개시하였다. 이 회사는 1881년 여행자수표(travelers cheque)의 발행을 통해 판매사업을 확장하여 여행자의 지위를 굳힘과 동시에, 부동산업과 보험중개업을 여행업무에 포함시킴으로써 경영다각화에 역점을 두고 있다.(Lehmann, 1978: 9)

여행자수표 발행에 따라 아메리칸 익스프레스사는 1891년부터 여행비용 후불제도(pay later plan)를 개발하여 잠재여행자의 여행수요개발에 크게 공헌하였다.

1895년에는 파리에 최초의 유럽지사를 개설하였고, 파리지사에서는 회사의 고유업무 외에도 여러 가지 금융 및 여행관련 업무를 제공했다. 1896년에는 런던에 사무실을 개설하였고, 이때까지의 주요 업무는 수하물 취급업무와 은행업무였다.

여행업을 시작한 것은 1905년에 고객들을 위해 숙박·교통시설 수배 서비스 업무를 시작하면서부터이고, 1915년에는 뉴욕에 처음으로 독립된 여행사를 설립하여 본격적인 여행업에 뛰어들었다. 현재는 여행관련업, 보험서비스, 국제자금운용 및 은행업무를 수행하는 전 세계적 조직체로서 본사는 뉴욕에 있으며, 2009년 현재 140여 국에 2,200여 곳에서 여행서비스를 제공하고 있다.

아메리칸 익스프레스사가 여행업계에 가장 크게 기여한 점은 신용판매제도를 도입하여 여행의 대중화에 크게 기여하였다는 점이다. 아메리칸 익스프레스사의 주요 업무내용은 다음과 같이 정리할 수 있다.

① 전 세계의 호텔과 리조트 예약

② 전 세계의 항공·철도·기선(汽船)·버스표의 예약

③ 주최여행 및 크루즈여행·단체여행·국제회의 등 스페셜투어의 실시

④ 개인 여행일정의 작성과 교통운송기관·숙박시설의 예약

⑤ 안내원과 렌터카 등의 수배

⑥ 여권·비자 및 기타 여행에 필요한 정보 제공

⑦ 여행객의 요구에 따른 우편물 보관 및 회송

이 외에도 기타 여행자수표 발행, 신용장 발행, 보험, 환전, 수출입화물의 운송, 통관업무대행 등의 금융 및 운송 업무도 다루고 있으며 휴가촌도 운영하고 있다.

미국의 여행업은 여행도매업자(Wholesaler), 여행소매업자(Travel Agent), 여행기획가(Tour Organizer), 투어오퍼레이터(Tour Operator), 여행접대업자(Receptive Agent) 등으로 구분되며 주요 업무내용은 <표 2-1>과 같다.

표 2-1 여행업별 업무 범위

구 분	내 용
여행도매업자 (Wholesaler)	여행패키지를 혼합하여 여행소매업자를 대상으로 판매하는 회사나 개인을 말하며, 보통 투어오퍼레이터와 같은 의미로 쓰인다.
여행소매업자 (Travel Agent)	고객과 직접 거래를 통해 고객에게 여행 서비스, 항공예약·발권 등의 서비스를 판매하며, 때때로 여행소재공급자(호텔이나 렌터카업체)의 상품을 고객에게 판매하고, 소비자와 투어오퍼레이트 중간적인 위치에 있다.

여행기획가 (Tour Organizer)	여행소매업자 또는 특별한 목적을 위해 구성된 단체의 한 구성원이 여행기획가가 되며, 사전에 비용이 지불되고 일정이 주문형태로 이루어지는 특별한 그룹여행을 기획한다.
투어 오퍼레이터 (Tour Operator)	여행상품을 판매하거나 개발하는 회사를 말하며, 여행상품에는 Airtel(항공+호텔) 또는 Fly Drive(항공+렌터카) 같은 단순상품부터 교통·호텔·식사·관광 등 여행상품의 모든 구성요소를 포함하고 있는 패키지 상품 등을 기획·진행한다.
여행접대업자 (Receptive Agent)	공항 영접이나 환송, 공항에서 숙소까지의 교통편의 제공 및 단순안내 등과 같은 서비스를 전문으로 하는 회사나 개인을 가리킨다.

자료 : 한국문화관광연구원, 2001, 재구성

미국 최초 여행사 American Express Company(AMEX)

- 1850년 Henry Wells가 뉴욕에서 설립(역마차 회사인 Wells Fargo Co. 모태)
- 1881년 여행업무 시작
- 1882년 우편환업무 시작
- 1891년 세계 최초 여행자수표 발행
- 1895년 유럽(파리)사무소 개설 이후 주요 국가(도시)에 사무소 설립
- 1909년부터 1915년 본격적인 여행업 시작
- 1992년 세계 크루즈 4개월(3만 마일 항해)Cunard Liner)
- 항공운임 후불제(FNPL: Fly Now and Pay Later) 도입 운영
- 200국가, 2200 여행사무소, 6만 2800명 종사원 근무
- **ASTA(American Society of Travel Agents)** 산하 약 **2**만여 개 여행사 등록
- 여행업 유형: **Mega Travel Agents, Regional Travel Agents, Consortium Travel Agents, Independent Travel Agents.**
- **Vacation.com(Amadeus** 산하 여행사)은 전 세계 8400여 개 여행사와 협력 구축
- **Travelocity(글로벌 여행사-전 세계 35개국에서 여행사업)**

자료 : http://americanexpress.com

3) 일본의 여행업

한국의 여행업계에 가장 영향을 미치고 있는 일본의 여행업은 1872년 메이지(明治)시대에 철도의 보급에 따라 여행제한제도가 폐지되면서 시작되었다.

1893년 일본교통공사(JTB : Japan Tourist Bureau)의 전신인 귀빈회(貴賓會 : Welcome Society)의 설립이 모태가 되어 여행업무가 추진되었으며, 1905년 국철계통의 일본여

행(日本旅行)이 여행업무를 개시함으로써 일본 최초의 여행업이 되었다. 1907년에는 영국의 토머스 쿡사가 요코하마에 지점을 개설하는 것을 계기로 1912년에는 외래객의 유치와 편의를 제공하기 위해 관영여행사인 일본교통공사(日本交通公社)가 설립되었고, 이후 일본교통공사는 한국·대만·대련 등에 지사를 설립하였으며, 현재 일본 최대 여행사로 성장하였다.

일본은 1965년에 국민의 해외여행자유화가 이루어져 127,000명을 송출하였고, 이 때 일본항공사에서 만든 JALPACK이라는 패키지상품이 처음으로 등장하였다.

1996년 이후 일본은 여행업을 1종·2종·3종·대리점업 등 네 가지로 구분하고 있으며, 이들의 각각의 기능을 살펴보면 1종 여행업은 해외여행 및 국내여행 상품기획 및 판매를 담당하고, 2종 여행업은 해외여행상품의 판매와 국내여행상품의 기획 및 판매를 담당하며, 3종 여행업은 해외 및 국내 여행의 수배를 담당하고 있다. 대리점업은 해외여행 및 국내여행의 판매만을 담당하게 하고 있다.

일본에서의 여행업 설립은 여행법에 감독관청이 요구하는 등록조건(자본금 등)을 충족시킬 시에는 특별한 규제 없이 등록할 수 있으며, 여행업 등록 시에는 영업보증금을 반드시 예치하도록 명시하고 있고, 영업보증금은 전년도 사업을 기준으로 여행업자가 취급한 액수에 따라 탄력적으로 적용되고 있다.('영업보증금'의 공탁의무는 제1종 여행업에서 제3종 여행업에 따라 달리 적용되고 있다)

영업보증제도 및 변제업무 보증금제도의 내용에 따르면 여행업자가 공탁하고 있는 영업보증금 및 변제업무 보증금에 의한 변제대상은 여행소비자로 한정되며, 영업보증금액도 기획여행의 경우, 제3종 여행업 영업보증금의 최저 라인을 300만 엔으로 정하고 있다.

표 2-2 여행업별 등록과 영업보증금

여행업 종류	등록	연간 거래액	영업보증금
제1종 여행업	국토교통성 여행진흥과	70억 엔 미만	7,000만 엔
제2종 여행업	각 도 부현성 담당과	7억 엔 미만	1,100만 엔
제3종 여행업	각 도 부현성 담당과	2억 엔 미만	300만 엔

자료: JATA 법령자료 재구성

여행업의 업무내용의 범위는 여행계약에 따라 구분되고, 여행계약은 기획여행계약에 '해외모집형 기획여행계약', '수배여행계약', '여행상담계약', '도항수속대행계약', '사실시 모집형계약의 대리체결', '타사실시 수주형 기획여행계약의 대리체결', '타사의 수배여행계약의 대리체결' 등으로 구분된다.

이를 정리해 보면 <표 2-3>과 같다.

표 2-3 계약구분과 업무범위

여행계약과 취급구분		여행업의 업무범위 등			
		제1종	제2종	제3종	여행업자대리업
기획여행 계약	해외모집형 기획여행계약	○	×	×	○* 제1종 대리업
	국내모집형 기획여행계약	○	○	×	○* 제1,2종 대리업
	수주형 기획여행계약	○	○	○	○* 제1-3종 대리업
수배여행계약		○	○	○	○*
여행상담계약		○	○	○	×
도항수속 대행계약		○	○	○	○*
타사 실시 모집형 기획여행계약의 대리체결		○	○	○	○*
타사 실시 수주형 기획여행계약의 대리체결		×	×	×	×
타사의 수배여행계약의 대리체결		×	×	×	×
영업보증금(최저액)		7,000만 엔	1,100만 엔	300만 엔	-
여행업무 취급관리자		영업소에 있어 국내·해외의 업무 범위에 맞추어 국내 혹은 종합관리자를 선임			

자료 : 일본여행업법·여행약관 개정 설명회자료, 한국일반여행업회 내부자료, 2004
주 : *는 소속여행사의 대리인으로서 업무를 행함.

일본은 1972년부터 '여행업무 취급관리자'라는 공인자격제도를 시행하고 있다. 여행업무 취급관리자는 국내외 여행상품 기획, 여행상품요금게시, 여행업약관 게시, 여행상품 거래조건 설명, 기획여행광고 등 여행업 전반에 걸친 업무를 관장하는 사람이다. 관련자격증으로 일반 여행업 취급주임자와 국내여행업 취급 주임자가 있고,

각각 별도의 시험을 실시하고 있으며 국외여행을 취급할 경우 여행업무 취급담당자의 선임을 의무화하고 있다. 또한 여행업무 취급담당자는 일정한 시험을 의무적으로 치르도록 하고 있으며, 업체경력이 5년 이상 되는 사람에 한해 시험의 일정 과목을 면제해주고 있다. 시험의 주관은 운수성이 위탁한 기관이 관장한다.

2010년 현재 제1종 여행업은 769개, 제2종 여행업은 2,744개, 제3종 여행업은 5,891개, 대리점은 879개의 업체가 있다. 그리고 2008년 기준으로 일본의 5대 여행사는 JTB, 긴키니혼 투어리스트, 니혼료코, 한큐고츠, 도큐칸코이며, 일본 여행시장에서 전체 송객의 80%를 점유하고 있다.

시장이 점차 양극화되면서 대형 여행사와 대리점으로 귀속되는 여행사도 증가하는 현상을 보이고 있다. JTB의 경우 약 1,000개 이상의 현지대리점과 75개 이상의 해외지점을 보유하고 있고, 긴키니혼 투어리스트는 약 300개 이상의 현지대리점과 해외지점을 통해 시장점유율을 높여나가고 있다.

일본 최초 여행사 귀빈회(Welcome society)

- 1893년 귀빈회 설립: 관광업무 추진(JTB 전신)
- 1905년 일본여행(日本旅行): 일본 최초 여행사로 기록
- 1912년 일본교통공사(日本交通公社) 설립
- 1965년 일본항공 해외여행 패키지 브랜드(Jal Pack) 개발: PKG여행 대중화 촉진
- 1967년 관광객 683만 명 시대로 일본 관광의 시대 도래
- 일본의 여행업은 교통운송기관의 발달과 관련(특히 철도교통) 여행업 역사 시작. 주로 기차역과 관광명소 역에 설치되어 관광안내. 승차권 발매, 숙소 알선 등 편의제공 업무 수행
- 2011년 총 사원 2만 5846명

자료: http://www.jtbcorp.jp

2) 우리나라 여행업의 발전과정

(1) 여행업의 변천

한국의 여행업은 1912년 12월 일본의 니혼코츠코샤(日本交通公社)의 조선지부의 활동에서 시작되었다는 것이 일반적이다(保板正康, 1981). 이 여행사는 평양·부산·군산·전주·해주·여수 등지에 사무소를 개설하여 철도승차권 대매와 여행안내를 실시하였다. 그리고 그 명칭도 1942년에 동아교통공사, 1944년에 재단법인 동아여행사로 변경되었다. 니혼코츠코샤의 주요 업무는 일본 내의 외국인유치와 일본을 방문하는 외래객의 편의를 위한 것으로 한반도의 이민업무와 식민지화에 필요한 업무를 수행하여 내국인을 위한 여행업무는 소홀히 취급하였다.

1945년 해방과 더불어 이 여행사는 조선여행사로 회사명을 변경하였으며, 1949년에는 다시 대한여행사로 개편되었다. 재단법인 대한여행사는 1962년 국제관광공사가 설립되면서 1963년에는 국제관광공사에 흡수되었으나, 1973년에 민영화함에 따라 오늘날의 대한여행사로 남아 있다.

한편 1947년에는 주식회사 천우사가 항공여행부를 발족하였고, 1947년에는 외래단체여행객으로 RAS(Royal Asiatic Society)의 회원들이 주한외국인을 중심으로 한국의 관광지를 방문하여 외국인 단체관광객으로서는 처음으로 국내여행을 하는 계기가 되었다. 1948년에는 서울-온양 간 전세버스의 면허가 발급되어 국내여행업도 영업을 시작하였다. 1950년에는 서울교통공사가 설립되었으나, 6·25전쟁으로 한국의 여행업은 사실상 업무를 중단하였다.

민간업체로서 설립된 본격적인 여행업은 1960년에 세방여행사가 설립되면서부터이다. 이들 초기의 여행업은 주로 항공권과 철도승차권을 대매하는 것이 주업무였으나 점차 그 업무가 다양해지기 시작했다. 1961년 관광사업진흥법이 제정되면서 한진관광, 고려여행사(1962), 대한통운여행사(1964) 등의 업체가 설립되었고 여행업계는 기반조성 및 체제정비를 하게 되었다.

(2) 여행업의 법규상 변천

한국에 있어 여행업에 대한 본격적인 법률적 규제는 1961년 관광사업진흥법이 제정된 이후라고 할 수 있다. 관광사업진흥법 제정 당시 여행업은 등록제로서 일반여행알선업과 국내여행알선업으로 구분되었다.

그후 1971년 법규개정에 따라 허가제로 바뀌면서 여행업구분 역시 국제여행알선업과 국내여행알선업으로 바뀌었다. 1982년에는 허가제에서 다시 등록제로 바뀌면서 여행업구분 역시 국제여행알선업과 여행대리점업 및 국내여행알선업으로 변경되었으며, 이러한 구분은 여행업에 있어 기능분화 추진을 의미한다. 또한 1987년 여행업 구분이 일반여행업·국외여행업·국내여행업으로 다시 바뀌었으며, 이는 전문화 추진의 의미를 갖는다 할 수 있다. 그후 여행업에 있어 양대 과제인 기능분화와 전문화의 병행추진을 위해 여행업의 재구분이 활발히 논의되었으나 현실적인 어려움 때문에 여행업종의 재구분은 실시되지 못하였다. 그러나 1993년 관광진흥법의 개정을 통해 기획여행신고제를 실시키로 하였으며, 이는 여행업의 기능분화 재추진의 의미를 갖는다고 할 수 있다. 이와 같은 여행업의 법규상의 주요 변천과정은 <표 2-4>와 같다.(이선희, 1996: 115~117)

표 2-4 여행업의 법규상 변천과정

시행연도	여행업구분	제 도	비 고
1961	일반여행알선업, 국내여행알선업	등록제	관광사업진흥법
1971	일반여행알선업, 국내여행알선업	허가제	관광사업진흥법 개정
1982	일반여행알선업, 여행대리점, 국내여행알선업	등록제	관광사업법 제정(1975) 기능분화촉진
1987	일반여행업, 국외여행업, 국내여행업	등록제	관광진흥법 제정(1986) 전문화 추진
1993	일반여행업, 국외여행업, 국내여행업	등록제	관광진흥법 개정 기획여행신고제 실시 기능분화 추진 의미

자료: 이선희, 1996: 116.

여행업의 정의와 형태

1. 여행업의 정의

여행업의 정의는 법률적인 정의와 현상적인 정의로 구분하여 살펴볼 수 있다. 여행업의 법률적인 정의는 몇 차례의 관련 법규가 개정되면서 현장의 변화를 법규상의 개념에 반영하는 방향으로 그 정의가 변하고 있음을 알 수 있다.

1961년 우리나라 최초의 관광관련 법규인 관광사업진흥법이 제정된 후 1971년 법률 제2285호로 개정되기까지 여행업의 법규상 개념은 "관광객의 여행알선과 숙박시설 기타 여행시설의 이용에 관하여 알선하는 업"이라 규정하여 왔다.

이 정의에 따르면 여행업을 단순히 여행시설업(principals)과 여행자의 중간적 기능만을 담당하는 사업체로 규정함으로써 여행업의 초기단계 수준에서 영업범위를 한정한 것으로 규정하여 왔으나, 1975년에 이르러 기존의 관광사업진흥법을 폐지하고 관광기본법과 관광사업법으로 분리·제정하면서 여행업의 정의를 보다 구체적으로 명시하고 있다.

관광사업법에서 규정한 여행업의 정의는 ① 여행자를 위하여 운송·숙박, 기타 여행에 부수되는 시설의 이용을 알선하거나 그 시설을 경영하는 자와 이용에 관한 계약체결을 대리하는 행위, ② 운송·숙박, 기타 여행에 부수되는 시설의 경영자를 위하여 여행자의 이용을 알선하거나 여행자 이용에 관한 계약체결을 대리하는 행위, ③ 여행자를 위하여 안내 등 여행의 편의를 제공하는 행위, ④ 여행자를 위하여 여권 및 사증을 받는 절차를 대행하는 행위, ⑤ 여행자를 위하여 여행에 관한 상담에

응하거나 정보를 제공하는 행위 등으로 규정하고 있다.

1986년에는 관광사업법을 폐지하고 관광진흥법을 제정하였다. 이 법에서 여행업의 정의는 "여행자를 위하여 운송시설, 숙박시설, 기타 여행에 부수되는 시설이용의 알선 및 기타 여행의 편의를 제공하는 업"으로 포괄적으로 규정하고 있다.

1994년 12월 관광진흥법의 개정시 여행업의 개념에 대한 정의는 다시 수정되었다. 이 개정에서 여행업을 "여행자, 운송시설·숙박시설, 기타 여행에 부수되는 시설의 경영자 또는 여행업을 경영하는 자를 위하여 동 시설이용의 알선, 여행에 관한 안내, 계약체결의 대리, 기타 여행의 편의를 제공하는 업"으로 개념화함으로써 업체 간의 경쟁심화와 이를 방지하기 위한 여행업 기능분화의 추진의도를 보이고 있다. 위와 같이 법규상 여행업의 개념은 그 사회에 존재하는 여행업의 시대상을 반영하면서 변화되고 있다.

2007년 7월에 관광진흥법 제3조 1항에 여행업은 여행자 또는 운송시설·숙박시설, 그 밖에 딸리는 시설의 경영자 등을 위하여 그 시설이용 알선이나 계약체결의 대리, 여행에 관한 안내, 그 밖의 여행편의를 제공하는 업으로 정의하였다.

여행현상에 중점을 둔 여행업의 정의는 학자들 정의를 중심으로 고찰할 수 있다. 이들 정의는 일반적으로 여행의 원래 개념을 강조하고 있는 특성이 있다. 특히 국내 학자들의 정의는 여행현상이 선진국에 비해 상대적으로 미성숙단계를 벗어나지 못하고 있다는 점을 지적하면서 그 정의가 변천하여 왔음을 설명한다.

일본학자들의 견해도 대체로 국내학자들의 견해와 일치하고 있지만, 이나가키 오사무(稻恒勉)는 수속의 대행, 상담, 여행안내 등의 기능을 개념화하여 일본국민의 여행행태와 지리적 여건에 적합한 여행업의 개념을 접근시키려는 노력을 하고 있음을 알 수 있다.(이나가키, 1981)

이상에서 고찰한 여행업의 정의에 비해, 여행업의 역할이 중요시되던 서구에서는 여행업의 정의를 알선·중개수단에 초점을 두기보다는 상품의 생산·판매·마케팅 등을 강조함으로써 여행현상이 사회적으로 보편화되었음을 나타내고 있다.

이러한 정의의 예를 살펴보면, 미주여행업협회(ASTA)에서도 여행업을 "여행관련 업자를 대신하여 시설업자와 계약을 체결하고 이것을 취소 내지 변경할 수 있는 권한이 부여된 자"로(ASTA, 1989) 명시함으로써 계약에 의한 권한과 의무를 부여하여 소비자보호적 관점에서 접근하고 있다.

메텔카(Metelka)도 여행에 대한 무형 서비스를 제공하는 기업으로 정의하고 있어 서비스생산을 중시하는 입장을 취하고 있다. 매킨토시(McIntosh)는 각종 여행정보의 축적과 이를 제공하는 사업체가 여행업이라고 파악하였다. 이는 사회가 점차 도시화 되고 개인생활의 영역이 확대됨에 따라 여행패턴과 여행욕구가 세분화 되면서 여행자의 욕구충족을 위한 역할이 강조되어야 한다는 점에서 여행업개념이 변화되어야 한다는 것을 강조하고 있다.

이외에도 스티븐스(Stevens)의 경우, 여행의 보편적 효용증대는 여행자의 안전을 보장하는 것이라고 주장하고, 여행업은 최대한 이를 보증할 의무가 있다고 파악함으로써 향후 여행업개념의 방향성을 제시해주고 있다. 이상에서 고찰한 여행업에 대한 정의를 정리하면 <표 2-5>와 같다.(이선희, 1996: 83~86)

표 2-5 여행업에 대한 학자별 개념정의

연구자	연 도	여행업의 개념
Lickotish	1985	여행자들의 여행상담과 교통기관이나 숙박기관을 예약하고 여행을 생산·창조하는 사업자
오카니와	1972	여행준비와 여행실시상의 업무를 통해 수수료를 받아 경영되는 사업
이선희 박영호	1979	여행자와 여행시설업자 사이에서 거래상의 불편을 덜어 주고 중개해 줌으로써 그 대가를 받는 기업
와타나베	1981	여행자와 운수기관·숙박시설 사이에서 여행자에 대해 예약·수배·알선 등의 서비스를 제공하고 그 보수를 얻는 사업자
이나가키	1981	여행자와 교통·숙박업 등의 중간에서 각종 서비스의 대리·매개·알선·이용을 하고, 혹은 여행자에 대해 도항수속의 대행·상담·안내를 하는 업종
이영수	1983	여행자와 관광의 하부구조를 형성하는 교통운송기관이나 호텔 등의 중간에서의 매개자
김진섭	1986	여행자와 교통기관·숙박시설 등 여행과 관계를 맺고 있는 사업의 중간에서 여행자에 대하여 예약·수배·알선 등 여행 서비스를 제공하고 일정한 대가를 받아 영업하는 사업자
윤대순	1986	여행자에게 관련시설업자(principals)를 알선하여 주고 수수료를 받거나, 여행관련 기관의 이용권을 판매하여 수수료를 받아 운영하는 사업자
ASTA	1989	여행관련 업자를 대신하여 제3자와 계약을 체결하고 이것을 취소 내지 변경할 수 있는 권한이 부여된 자
정찬종	1990	여행자와 관련시설업자(principals) 사이에서 여행자에 대해 예약·수배·대리·이용·알선 등의 서비스를 제공하고 그 대가를 얻는 사업

| 김천중 | 2002 | 인간이동의 욕구를 자극하고, 이동에 필요한 모든 분야의 상품에 대하여 판매 가능성을 제공하며, 경제적 수익과 관광산업 전체에 활력을 제공하는 사업 |

자료: 김천중, 2002

2. 여행업의 형태

여행업의 형태는 국가마다 그 분류방법이 다르다. 국내에서는 관광진흥법에 여행업의 종류를 ① 일반여행업 ② 국외여행업 ③ 국내여행업 등 3종류로 분류하고 있으며, 일본에서는 ① 일반여행업 ② 여행대리점업 ③ 국내여행업으로 분류하고 있고, 대만은 ① 종합여행업 ② 갑종여행업 ③ 을종여행업으로 분류하고, 중국은 국제와 국내로 구분하고 여행사 지방사무소는 해당 성이나 시정부 소속으로 구분하고 있다. 이처럼 국가마다 여행업은 그 분류방법에 따라 여행업의 종류에 다소 차이가 있으나 대개 여행업무를 기준으로 업종을 설정하고 있다.

1) 관광진흥법상의 여행업의 형태

(1) 일반여행업

국내 또는 국외를 여행하는 내국인 또는 외국인을 대상으로 하는 여행업으로 여권 및 사증을 받는 절차를 대행하는 행위를 포함하고 있다.

(2) 국외여행업

국외를 여행하는 내국인을 대상으로 하는 여행업으로 여권 및 사증을 받는 절차를 대행하는 행위를 포함하고 있다.

(3) 국내여행업

국내를 여행하는 내국인을 대상으로 하는 여행업이다.

표 2-6 관광진흥법상의 여행업의 분류

구 분	주요 업무	자본금
일반여행업	내국인의 국내여행 내국인의 국외여행 외국인의 국내여행	2억 원 이상 (제주도는 3억 5천만 원)
국외여행업	내국인의 국외여행	6천만 원 이상
국내여행업	내국인의 국내여행	3천만 원 이상

2) 유통방식에 따른 여행업의 형태

(1) 오프라인 여행사

전통적인 방법으로 고객을 모집하고 상품을 판매하는 여행사로, 고객의 모집과 판매가 방문이나 전화 등 고객과 여행사직원 간의 직접적인 접촉을 통해 여행업을 운영하는 기업을 말한다.

(2) 온라인 여행사

인터넷의 보급과 온라인결제 시스템의 발달에 따라 인터넷을 통해 고객을 모객하고 상품을 판매하는 여행사이다. 인터넷환경을 적극적으로 활용하여 고객과 쌍방향·실시간(real time)으로 정보를 교환한다.

3) 영업범위에 따른 여행업의 형태

(1) 종합여행사

모든 여행업무를 취급하는 여행사로 다양한 고객층을 대상으로 영업을 한다.

(2) 전문여행사

특정 고객을 대상으로 한정된 여행업무 또는 여행상품만을 중점적으로 취급하는 여행사로 배낭여행·성지순례 등 특수목적상품 또는 인센티브 투어 같은 특정 분야만을 취급한다.

4) 유통구조에 따른 분류

그림 2-1 유통구조상의 분류

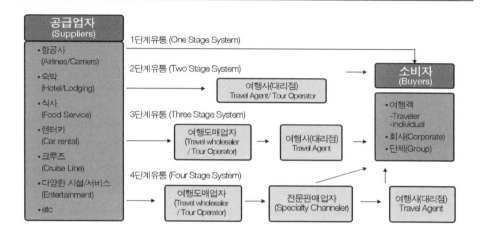

(1) 도매여행사(Wholesaler)

다양한 여행상품을 기획·개발하고 자체상품 브랜드를 홍보하여 다수의 소매여행
사와 대리점 등을 대상으로 여행상품을 판매하는 여행사이다. 여행객을 대상으로 영
업을 직접 수행하지 않고 소매여행사와 대리점 등을 통해 간접판매하는 형태이므로
자체 여행상품 브랜드인지도를 높이는 것이 무엇보다 중요하다. 또한 여행상품의 기
획과 수배능력 등에서 차별화된 경쟁력을 확보해야만 장기적으로 발전할 수 있다.
하나투어·모두투어·한진관광 등이 여기에 해당하는 여행사이다.

(2) 소매여행사(Retailer/Travel Agency)

도매여행사에서 기획·개발한 여행상품을 제공받아 최종 소비자인 여행객을 대
상으로 판매하는 여행사이다. 특정 도매여행사의 여행상품만을 단독으로 판매할
것인지, 아니면 다수의 도매여행사의 여행상품을 복합 판매할 것인지는 각각의 여
행사의 상황에 맞게 선택할 수 있다. 도매여행사를 제외한 일반여행사들이 여기에
해당한다.

(3) 직판여행사(Direct Sales/Travel Agency)

여행상품을 자체적으로 기획·수배·개발하고 영업 및 판매 조직까지 갖추어 여행객을 대상으로 직접 여행상품을 유통시키는 여행사로 모든 업무를 독자적으로 수행한다. 롯데관광·노랑풍선·참좋은여행사 등이 여기에 해당한다.

여행업의 특성

여행업의 특성은 다양한 측면에서 이해할 수 있지만 타 산업과 비교해서 다른 몇 가지의 특성을 가지고 있다.

1. 경영구조적 특성

1) 사무실입지의 중요성

고객들에게 편의성을 제공할 목적으로 여행사는 고객들이 찾기 쉽고 유동인구가 많으며 눈에 잘 띄는 곳에 위치하여야 한다. 이러한 접근성은 여행상품 구매에서 중요한 결정요소이기 때문에 대부분의 여행사는 대도시에 집중되어 있는 것이 일반적이다. 또한 국외여행업무를 수행할 경우 항공발권이 용이한 지역 또는 비자 발급을 위해 외국대사관이 위치한 지역 등에 사무실을 선정하였다. 하지만 최근 ICT 기술의 발달과 온라인으로 여행상품을 구매하는 여행객이 증가하면서 과거 오프라인 위주의 시대보다는 여행사 방문고객 수가 현저히 감소하여 여행사의 특성과 영업전략에 따라 사무실의 위치는 필수사항이 아닌 선택사항으로 바뀌고 있는 추세이다.

2) 높은 인적자원의존도

여행의 준비부터 종료에 이르기까지 여행사경영의 주체는 사람이다. 즉, 여행상품의 기획·생산·판매, 항공예약과 발권·여행안내 등 여행 관련 제반업무가 모두 인적자원에 의해 진행되고, 인적자원의 서비스 품질에 따라 여행상품의 질이 결정되기 때문에 여행사는 근무하는 직원이 인적자원으로 매우 중요한 자본이다.

3) 신용의 중요성

여행상품의 무형의 상품으로 여행사가 제공하는 여행상품에 대한 여행일정표, 브로슈어, 팜플릿, 홈페이지 상품구성내용 등을 체험 전에 평가하기란 현실적으로 불가능하다. 따라서 여행사에 대한 신용은 고객들이 여행상품의 구매를 결정하는 데 중요한 역할을 한다.

4) 계절적 수요탄력성

해외여행을 갈 경우 한국은 자녀들의 방학과 직장인들의 휴가가 있는 여름과 고유명절을 낀 겨울이 성수기이며, 국내여행은 봄과 가을이 성수기이다. 또한 주말·연휴에는 여행수요가 많아져 계절적 수요의 탄력성이 큰 사업이다.

5) 외부환경에 민감한 사업

여행사는 서비스업의 특성을 가지고 있을 뿐 아니라 외부환경에도 많은 영향을 받는다. 또한 국내외 정치·경제·사회·문화요인 등에 영향을 받는다. 예를 들면, 1998년 IMF 금융위기, 2001년 9·11테러, 2003년 중국의 SARS, 2008년 미국의 모기지론사태, 최근 IS의 무차별한 테러까지 여행업은 경제적·정치적 환경에 큰 영향을 받아 곧바로 여행객의 감소로 이어지며 여행사 경영에 영향을 미친다.

2. 산업구조적 특성

1) 낮은 진입장벽

여행업의 경우 타 업종보다 설립자본금이 비교적 적어 소규모 자본으로도 회사설립이 가능해 비교적 위험부담이 적고, 창업과 폐업이 용이하다.

2) 유동자산비율과 현금흐름이 높은 사업

여행업은 호텔·리조트 등의 기타 환대산업에 비해 고정자산보다는 유동자산 비율이 높다. 그리고 여행객이 여행상품을 구매 후 출발 전 여행경비를 여행사에 지불하면 여행사는 호텔 및 현지 지상수배업자에게 후불로 지불하기 때문에 현금을 유용할 수 있다는 점에서 현금흐름이 높은 사업이다.

3) 영세성과 낮은 상품차별성

타 업종에 비해 종사자 수나 매출액이 소규모 업체가 대부분을 차지하고 있고, 타사의 여행상품을 모방하여 쉽게 유사한 여행상품을 생산해 차별이 어렵다.

여행업의 기능과 역할

1. 여행업의 기능

여행업의 기능은 학자마다 조금씩 차이가 있으나 여행의 본원적 개념을 중심으로 한 기본적 기능, 업무내용기능, 상품측면기능, 매개체로서의 기능으로 나눌 수 있다. 여행사의 업무기능은 과거에는 여행객과 여행시설업자들 간을 연결해주고 알선하는 단순업무기능만 처리하였으나 최근에는 여행객의 욕구를 충족시키기 위해 독자적으로 여행상품을 기획·개발·판매하는 등 여행업의 기능은 다양해졌다.

1) 기본적 기능

여행의 본원적 개념을 중심으로 한 여행업의 업무는 상담업무, 예약·수배업무, 판매업무, 수속대행업무, 발권업무, 여정관리업무, 정산업무 등의 기본 업무로 구분할 수 있다. 여행사의 역할은 여행의 알선기능에서 여행상품의 기획 및 판매로 여행업의 발전에 따라 변모를 거듭하였지만 기본적 기능에 대해서는 커다란 변화는 없다. 여행업의 기본적 기능은 다음과 같다.

그림 2-2 여행업의 기능

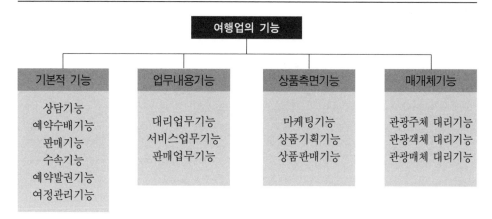

(1) 상담기능

여행객을 위해 정보를 수집하고, 여행과 관련된 상담을 하며, 여행상품에 대한 설명을 하는 기능을 말한다. 여행업에서 상담기능은 가장 기본적인 기능이기도 하고, 여행정보는 필수적인 것이며, 여행업의 존폐에 영향을 미칠 정도로 중요한 기능이다. 최근에는 인터넷 등 여러 경로를 통해 여행에 대한 정보제공 기능이 증가하면서 여행객을 여행사로 유치하기 위한 방안으로 상담기능이 더욱 중요하게 평가받고 있다. 따라서 여행업이 전문적인 상담을 통해 여행객을 유치하고 여행상품 판매를 증대시키기 위해서는 전문성을 가진 유능한 상담요원을 양성하는 것이 필수적이다.

이러한 상담기능을 통해 여행객은 사전에 여행목적지·여행기간·여행비용·여행코스·숙박시설·교통편 등 여행 전반에 관하여 전문가의 조언과 현지정보 등을 파악할 수 있다. 따라서 여행사는 여행사의 존재기반이라고 할 정도로 중요한 상담이 가능하고, 여행객의 다양한 질문에 답변할 수 있는 충분한 정보를 숙지해야 할 뿐만 아니라 전문성을 가진 유능한 상담요원의 양성하고 교육에 힘써야 한다.

(2) 예약·수배기능

여행객을 위한 대리인으로서 여행상품의 구성요소인 항공좌석·호텔객실 등을 사전에 미리 확보하는 것이 여행업의 예약과 수배기능이다. 여행업의 예약과 수배기능은 수요를 정확하게 예측하여 필요한 요소들을 확보해야 하기 때문에 경험의 의존성이 강한 기능이다. 따라서 여행사는 성수기 항공좌석이나 객실을 미리 확보하고 수요에 대처할 수 있는 시스템을 구축하여 상품판매에 유리한 경쟁력을 확보할 수 있도록 하는 것이 예약과 수배기능의 포인트이다.

'수배'라는 용어는 여행공급업자와 여행사 사이에서 주로 사용하는 용어이며, 교통·숙박·식사·가이드·쇼핑·관광지 등 복합적으로 구성되어 있는 여행상품에 대해 각각 예약과 견적을 확인하는 업무이다. 계획적 수배에 의한 매입과 수배의 정확성 여부에 따라 여행상품의 품질이 달라질 수 있다.

(3) 판매기능

여행업의 판매기능은 정확한 정보제공과 상담을 통해 수요를 발생시켜 여행에 필요한 구성요소들과 여행상품을 판매하는 기능이다. 시장조사를 통해 여행객의 선호나 욕구를 파악한 후에 적합한 여행소재를 구성하여 여행상품을 생산하고 여기에 적정이윤을 가산한 경쟁력 있는 여행상품가격을 정해 여행객에게 판매하는 기능이다. 이렇게 기획된 여행상품은 마케팅활동을 통해 판매·촉진하고 판매방법은 여행사 카운터의 유선을 통한 판매, 여행사 홈페이지를 통한 온라인판매가 있으며, 최근에는 모바일을 활용한 판매도 점점 늘어가는 추세이다.

(4) 수속대행기능

여행객을 대리하여 여행사가 여행에 필요한 제반 수속을 대행해 주는 기능이다. 즉, 해외에 출국하려는 여행객들의 출국에 필요한 서류와 수속을 여행사가 대행해주는 기능이다. 예를 들면, 비자 수속과 발급, 여행자보험 가입 등이 있다. 이 기능을 통해 수속대행 수수료라는 별도의 여행사 수입이 발생하기도 하지만, 최근에는 여행사 간의 과다한 경쟁으로 실제적으로 수속대행 수수료를 받지 못하고 서비스차원에서 제공하고 있는 경우가 많다.

(5) 예약·발권기능

여행사가 여행상품의 구성요소인 교통과 숙박업자를 대신하여 항공권을 비롯한 숙박권·승차권 등의 각종 쿠폰(coupon)류를 발행하여 여행객에게 제공해주는 기능이다.

(6) 여정관리기능

여행일정을 예정대로 원활히 진행시키는 기능으로 국내외 여행안내 서비스가 여기에 해당된다. 즉, 여행코스, 여행기간, 항공편명, 출·도착시간, 관광지, 식사조건, 숙박호텔, 여행요금 등을 포함한 여행일정을 여행조건대로 원활하게 진행하기 위해 관리하는 기능이다. 국외여행의 경우 국외여행인솔자를 동반시켜 여행의 원활한 진행을 실시하기도 한다. 여행에서 쾌적성과 안전성을 확보하고 여행객에게 최대의 만족을 주기 위해서는 알찬 여행상품을 구성하는 것은 필수이지만 관광객의 여행경험에 대한 만족도에 국외여행인솔자가 미치는 영향도 상당히 중요하다.

(7) 정산기능

여행비용의 원가계산·견적·청구·지불 등 정산과 관련된 제반 기능이다. 정산업무는 여행이 종료된 후 보고서를 작성하여 비용과 수익 발생에 대한 근거서류를 첨부하여 최종 회계처리를 할 수 있도록 하는 업무로서 여행행사비의 충실한 정산은 여행기업의 운영에 기본적 역할이 되기도 한다.

2) 업무내용기능

(1) 대리업무기능

여행사의 가장 기본적인 대리업무기능은 항공사·선박회사·철도회사·버스회사 등 교통운송기관과 호텔숙박업 및 기타 여행관련 시설업자를 대리하여 항공권 등 각종 쿠폰의 판매나 숙박 및 시설이용의 예약을 대행해주며, 여행객을 대리하여 항공권 예약·발권과 호텔 등의 예약 및 비자발급을 위한 수속업무도 일괄해서 대행해주는 기능이다.

(2) 서비스업무기능

여행객에게 여행에 관한 모든 정보를 제공해주고 상담을 통해 현지관광에 관한 정보와 출입국시 수속 등 여행 전부터 여행 후까지 모든 것을 제공해주는 기능이다.

(3) 판매기능

여행사에서 여행객의 욕구와 수요를 조사하여 기획한 여행상품이 잘 판매될 수 있는지를 확인하고, 필요한 여행상품을 개발하여 판매하는 기능이다.

3) 상품측면기능

(1) 마케팅기능

관광지의 정보를 수집하고 여행의 가능 여부를 결정한다. 즉, 목적지에 대한 여행객의 선호도나 적정한 여행상품가격의 설정 및 경쟁사 여행상품의 기획·분석 등의 기능을 말한다.

(2) 상품기획기능

고객의 요청에 의하여 구성된 여행상품을 기획하고 여행상품을 구성한 후 재판매를 할 경우, 교통기관의 좌석확보와 호텔 등 숙박시설의 객실을 확보하는 업무가 여기에 포함된다.

(3) 상품판매기능

상품측면기능 중 가장 큰 비중을 차지하는 기능으로 기업이나 해당 기관 등과 협력을 통해 여행상품을 판매하기도 하고, 도매여행사인 경우 소매여행사를 통해 여행상품을 판매하기도 한다. 최근에는 여행상품의 유통이 다양화되어 온라인 및 오프라인을 넘나드는 것은 물론이거나 다양한 채널을 통한 여행상품의 판매가 점점 확대되고 있다.

4) 매개체기능

(1) 관광주체 대리기능

관광주체는 관광객으로 관광욕구에 따라 관광행동을 유발하는 하는 수요자이자 소비자로 관광수요시장에 있어서 주체적인 요소이다. 여행객의 욕구를 창출하고 구체화시켜 나아가서 관광행동의 시뮬레이션 설계와 구체화를 도모하는 기능이다.

(2) 관광객체 대리기능

관광객체는 관광객이 관광목적지에 가서 보고 이용하며 즐길 수 있는 대상체로서 관광자원시설과 관광목적지의 자원 및 관광행동의 목표가 되는 것을 의미한다. 여행소재의 수배와 여행상품의 기획, 즉 관광사업자가 제공하는 각종 서비스재의 유통을 촉진하고 각종 여행소재의 조합에 의한 최적의 편의를 제공할 수 있는 기능이다.

(3) 관광매체 대리기능

관광주체과 관광객체를 연결시켜 주는 것으로 관광객에게 관광행동에 대한 조언과 관광기반시설 조성 그리고 관광자원 개발을 위한 조언의 기능이다. 다시 말하면, 관광객에게 관광사업자를 대신하여 여행 서비스에 대해 계약을 체결하거나 이를 변경·취소해 줌으로써 매개체의 역할을 하는 기능이다.

2. 여행업의 역할

여행객의 입장에서 여행업의 기본적인 역할은 여행객을 도와주는 것으로 여행에 관한 필요한 제반 행위를 대행해주는 것이다. 이러한 역할은 여행객이 여행사를 이용하게 되는 이유가 되고, 여행객에게 제공되는 편의기능이며, 여행객이 여행사를 이용함으로써 여행사는 여행객에게 신뢰감을 얻을 수 있고, 여행객의 시간절약·비용절감·안정성·편리성 등을 제공할 수 있다.

한편 최근에는 여행산업 마케팅환경의 변화로 기존 여행사들의 위상이 축소되어 가고 있다. 인터넷의 지속성장으로 여행업계의 여행상품 유통채널이 다양화되어 여행객은 여행사의 도움이 없이도 정보수집 및 여행상품구매가 가능해 기존 여행사의 역할이 점점 줄어드는 추세이다.

1) 사회·문화적 측면에서 여행업의 역할

(1) 홍보효과

자국민의 해외여행을 통해 자국에 대하여 외국에 알려주는 민간외교관의 역할을 한다. 또한 외국인관광객이 자국을 방문하면 관광자원이나 문화자원 등을 직접 보고 그 나라를 재인식하게 되어 외국인관광객에게 자국의 인문·자연·문화자원을 홍보하는 효과가 있다.

(2) 국제친선효과

세계는 점점 글로벌화되어 국경 없는 시대가 되어가고 있다. 내국인과 외국인 관광객의 교류는 자국민이 해외관광을 가서 현지인과의 접촉을 통해 국가간 상호 이해 증진과 친선도를 다지는 계기가 된다.

(3) 지역경제 개발효과

관광개발로 인해 발생하는 지역경제효과는 투자효과와 소비효과로 구분할 수 있다. 투자효과란 시설·설비 등의 건설과정에서 생기는 고용 및 세수의 증진을 말하고, 소비효과란 관광객의 소비활동에 의해 발생하는 숙박·토산품판매·음식·레저·운수업 등의 수입이 증가하는 것을 말한다. 이러한 수입증가는 단계적으로 지역경제에 파급되는 효과를 가져온다.

2) 경제적 측면에서의 여행업의 역할

(1) 국제수지 개선효과

국제수지란 보통 1년간 자국의 외국에 대한 지출과 외국으로부터 수취한 총계(관광수지)를 말한다. 관광객의 수용은 바로 수출의 효과이며, 외화획득에 대한 지대한 영향을 미치고, 후진국이나 개발도상국의 관광수용은 자연경관·문화자원 등 특별한 투자 없이 비교적 쉽게 외화수입을 얻을 수 있다.

(2) 고용증대효과

여행업은 대표적인 노동집약적 산업이고 인적 서비스산업으로 고용인력의 다변화와 인적 산업으로 대량 고용증대에 크게 기여하고 있다. 고용증대로 국가의 세수가 증가되고, 정부는 충분한 재정이 확보됨으로써 다시 관광업체 및 기반산업에 재투자를 할 수 있다. 여행사들의 직접적인 고용창출효과는 물론, 제휴사와 대리점 등의 간접 고용창출효과가 있다. 또한 쇼핑센터·숙박업체·음식점·관광지 등 관련부문들에 끼치는 간접적인 효과까지 감안하면 고용창출효과는 더 커진다.

(3) 재정수입효과

관광객의 관광소비(숙박비·관광교통비·기념품구입비·유흥비 등)에 각종 세금을 부과함으로써 안정된 재정수입원을 확보할 수 있다. 이런 재정수입의 확보는 관광기반시설에 투자로 이어져 관광산업의 활성화에 기여하는 효과가 있다.

3) 여행객 측면에서 여행업의 역할

(1) 신뢰성 확보

여행업과 여행상품의 특성은 무형성과 인적 서비스의 의존도가 높은 것인데 여행객이 여행에 필요한 사전 준비에서부터 여행종료에 이르기까지 모든 사항을 준비한다면 여행객은 심리적으로 불안감을 느껴 만족한 여행을 할 수 없을 것이다. 그러므로 여행사가 수행하는 예약과 수배업무는 여행객의 시간소모를 줄이며, 여행에 대한 불편이나 출입국수속에 따른 제반문제에 대한 불안감을 해소하고, 여행종료 후 만족감을 보장받게 될 것이므로 여행사를 신뢰하고 여행을 떠나게 되는 요인이다.

(2) 정보판단력

여행에 대한 정보와 광고는 여행을 결정짓는 중요한 요소로 다양한 정보 중에서 여행객 스스로가 가장 적합한 여행정보를 선택할 수 있는 판단력이 부족하므로 여행사에 위임하는 경우가 많다. 따라서 여행사는 전문적인 지식·경험 등의 노하우를 활용하여 여행객에게 도움을 주고, 여행객은 여행사직원들과의 상담을 통해 유용한 정보를 제공받을 수 있어 여행에 대한 판단력을 강화할 수 있다.

(3) 시간과 비용의 절약

여행객이 스스로 예약과 수배를 하는 것보다 전문가에게 의뢰하게 되면 시간과 비용의 절약은 물론, 예약과 수배에 따른 효율성·정확성을 기할 수 있어 효과적이다. 그러나 최근 ICT 기술의 발달로 많은 정보수집이 가능해져 여행객 스스로 항공편이나 호텔 객실 등을 직접 예약할 수 있게 되었다.

따라서 여행목적지가 국내이거나 단거리이고 여행기간도 짧을 경우에 직접 예약을 하는 데 큰 어려움이 없기 때문에 여행객 스스로 예약과 수배를 하는 경향이 많아졌다. 그러나 숙박기간이 길고 장거리 여행, 특히 국외여행인 경우에는 여행일정을 작성하는 데도 많은 시간이 소요될 뿐 아니라 여행관련 자료에 대한 신뢰도를 보장받을 수 없다.

그렇기 때문에 여행사에 예약과 수배 등을 의뢰하면 여행객은 시간과 비용의 절약효과는 물론, 여행사가 제공하는 정보에 대한 신뢰를 기대할 수 있다.

(4) 여행요금의 염가성

여행사는 여행관련 공급업자로부터 대량의 구매를 통해 공급을 받기 때문에 일반관광객 개인보다는 경쟁력이 있는 가격을 제공받을 수 있다. 따라서 개인이 여행관련 공급업자에게 직접 여행요소를 구입하는 것보다 여행사를 통해 구입할 경우 훨씬 저렴한 가격에 여행상품의 구입이 가능하다.

제 5 절

여행사의 창업과정

1. 일반 기업의 창업과정

일반적으로 기업의 창업과정은 업종을 선정한 후에 이에 대한 사업계획을 수립하여 그 업종을 담당하는 해당 관청에서 인·허가 및 등록을 받아야 한다. 그후 개인사업을 할 것인지, 아니면 법인을 설립할 것인지를 결정하여 해당관청에 등기를 한다.(그림 2-3)

그림 2-3 일반업종의 창업과정

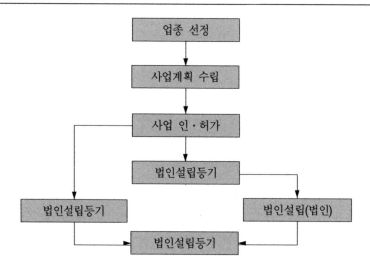

기업은 출자형태에 따라서는 개인기업과 공동기업으로 구분하고, 공동기업을 소수공동기업(인적 공동기업과 혼합적 공동기업의 결합)과 다수공동기업(자본적 공동기업)으로 구분하고 있다. 그리고 법률적 형태에 따라서는 개인기업과 법인기업으로 구분하고, 법인기업을 합명회사·합자회사·유한회사·주식회사로 구분하는데, 업계에서는 법률적 형태에 따른 구분이 일반적으로 많이 쓰이고 있다. 이러한 기업의 형태에 따른 차이점은 <표 2-7>과 같다.

표 2-7 개인기업과 법인기업의 차이점

구 분	개 인 기 업	법 인 기 업
설 립	단 순	복 잡
운 영	• 단독무한책임 • 기업주 활동자유 • 세부담 불리 • 자본조달의 제한 • 신용도 취약 • 영속성의 결여 • 창의노력의 극대화	• 유한책임 • 기업주 활동제약(상법 등) • 세부담 유리 • 자본조달 용이 • 대외신용도 우월 • 영속성이 있음 • 재산이전 용이(주식양도)
청 산	단 순	복잡(상법상 청산절차)

2. 여행사 창업절차와 행정사항

여행사를 개인사업으로 하려면 관할관청에서 먼저 인·허가를 받고 사업장을 관할하는 세무서에 사업자등록을 위한 신청서를 제출한 후 사업자등록증을 교부받음으로써 사업을 개시할 수 있다.

그러나 법인을 설립하는 경우에는 관할 지방법원이나 등기소에 설립등기를 한 후에 법인설립신고를 하는 절차를 거쳐야 하므로 개인기업에 비하여 절차가 복잡하고, 비용과 시간이 소요된다.

여행업의 창업자가 사업을 시작하기 위해서는 정해진 창업과정을 거쳐야 한다. 창업과정상의 절차는 법률적으로 준수해야 할 내용을 포함하지만, 철저한 창업과정의 준비는 기업에게 기업의 성공가능성을 높여주기도 한다.

표 2-8 창업절차도

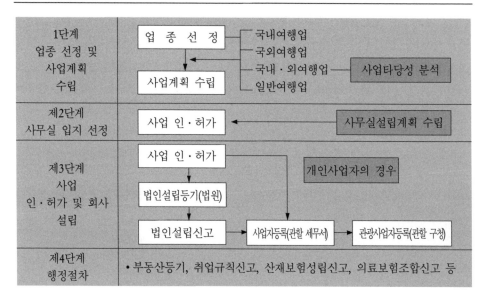

1) 제1단계: 업종 선정 및 사업계획 수립

창업의 제1단계는 창업하고자 하는 여행업의 업종을 우선 선정하는 일부터 이루어진다. 업종선택이 이루어지면 그 선정업종의 성공 여부를 사전에 사업성분석을 통하여 구체적인 사업계획을 수립하여야 한다.

업종 선정단계에서는 우선 경쟁력이 있으며 성장잠재력을 가진 것으로서 다음과 같은 내용들을 기본적으로 고려하여야 한다.

① 우리가 이 분야에서 경쟁우위를 확보할 수 있는가?

② 자금조달은 충분한가?

③ 시장에서의 수요는 증가추세에 있는가?

이렇게 업종 선정이 완료되면, 이를 구체화하기 위하여 사업성분석을 바탕으로 사업계획을 수립한다.

2) 제2단계: 사무실입지 선정

(1) 사무실입지의 확정

여행사의 사무실의 위치나 카운터의 설치는 여행업의 성패를 가름하는 중요한 요소이다. 여행사의 입지선택에 영향을 주는 요소는 여행사의 주력시장의 성격에 따라 다르지만, 대체로 접근성·지역성장가능성·디자인·경쟁성 등의 요소를 숙고하여 선택하여야 한다.

여행사의 중요입지로는 첫째로 보행자의 통행이 많은 곳이 효과적이고, 둘째로 교통량이 많고 주차장이용이 편리하며 관공서나 해당 공관 및 항공사의 사무소가 가까운 곳이어야 한다. 그 외의 고려요소로는 번화가·유흥가는 피하고 여행사의 이미지에 적합한 건물이거나 주변의 환경요소가 있어야 한다. 그러나 대형 건물이거나 임대료가 비싼 관광관련 시설의 경우 비용이 너무 부담이 될 경우에는 간단히 소규모의 카운터를 1층에 설치하는 것이 적절하다.

(2) 여행사의 입지평가모형

가) 교통량

여행사의 입지평가에서 가장 주요한 요소로 교통량을 들 수가 있다. 여행사의 위치선택에서 어느 요소보다 교통량이 많고 접근성이 양호한 지역이 여행사의 입지로는 우수하며, 임대비용의 부담이 문제가 될 수 있으므로 위층에 본사의 사무실이 위치할 경우에는 로비에 카운터를 설치하여 이를 보완하는 방법을 흔히 쓰기도 한다. 각 항목에 가중치를 부여할 경우 가장 높은 가산점을 부여하는 항목이다.

나) 관청가

여행업의 업무내용상으로 해당 관청과 처리해야 될 업무가 많다. 이러한 경우 해당 관청과 지리적으로 가까울 경우 대고객에 대한 서비스차원에서 관청가에 위치하는 것이 유리하다. 그러나 가중치를 부여하는 경우에 교통량보다는 차선의 가중치를 부여하는 것이 일반적이다.

다) 번화가

여행상품의 특성상 충동구매가 일반적인 상품의 경우에는 번화가가 판매에 유리한 경우가 많다. 프랑스 파리의 샹젤리제가에 여행사의 카운터가 밀집해 있는 경우도 이를 반영하는 것이다. 여행자는 여행상품이나 여행정보의 입수가 상대적으로 편리한 번화가를 선호하는 것이 일반적이다.

라) 유흥가

즐거운 여가활동이나 음악·음식 등을 제공받기에 편리한 지역은 여행사의 입지로 아주 유리한 지역이다. 특히 이러한 시설을 이용하거나 즐기려는 여행자는 잠재여행자로서 가장 여행상품의 구매욕구가 강한 고객으로 간주할 수가 있다.

마) 관광·문화시설

유명한 공연장이나 문화활동의 근거지는 공연에 참가하거나 관람하기 위한 목적으로 여행자들이 많이 집중하게 된다. 특히 유명한 문화시설이나 오페라 하우스 등의 시설 주변에는 여행사와 관련된 업무도 많고, 여행자의 발생도 비교적 많은 지역이다. 그러나 위에 언급한 지역보다는 평가항목에서 가중치의 부여가 높지는 않다.

바) 휴식시설

도심의 번화가나 상가 등의 입지가 여러 가지 여건으로 선택이 불리할 경우에는 외곽지역의 아파트 밀집지역이나 휴식시설이 위치한 지역도 고려할 수가 있다. 이러한 지역의 경우 주차시설이 양호하거나 주변의 환경이 의외로 여행사의 경영에 유리한 경우도 있다.

표 2-9 여행사의 입지평가요소

번호	항 목	세부항목	가중치	평가득점
1	교통	철도·항만·공항 등 교통요지		
2	관청가	행정기관, 사무실 밀집지역, 대학 ·연구기관 밀집지역		
3	번화가	쇼핑센터, 상가, 백화점		
4	유흥가	공연장, 유기장, 유명식당		
5	관광·문화	문화시설, 공공시설		
6	휴식장소	강변, 도시공원, 동·식물원		
7	이미지	외관, 높이, 색채, 지형		
합 계		가중치(100):	득점:	

사) 이미지

여행사의 위치에 가장 중요한 요소의 하나는 외관상으로 여행자나 고객의 시선이 집중된다면 훌륭한 곳이다. 이러한 요소는 간판에서 고객집중요소를 만들어내기도 하고, 건물의 외관에서 만들어낼 수 있다. 도시의 명물, 건물 자체의 특이성(높이, 형태, 색, 외벽)에 의해 이미지가 형성되기도 한다.

3) 제3단계: 사업 인·허가 및 회사설립

제1단계에서 타당성이 입증된 아이디어가 사업활동으로 이어지기 위해서는 해당 관청에서 법적인 인·허가를 취득해야 하는데, 개인기업이나 법인기업 형태로 사업주체를 결정하여 사업자등록이나 법인설립등기를 해야 한다.

개인기업의 경우는 사업개시일로부터 20일 이내에 사업장을 관할하는 세무서에 사업자등록을 위한 신청서를 제출하고 사업자등록증을 교부받아야 하며, 법인기업의 경우는 관할 지방법원이나 등기소에 설립등기를 한 후 30일 이내에 관할 세무서에 법인설립신고를 해야 한다.

4) 제4단계: 행정절차

앞에서 설명한 세 가지 단계가 완료되면, 마지막으로 창업에 관련된 행정절차를 마무리해야 한다. 행정절차의 내용이란 취업규칙신고, 사업장설치계획신고, 국민연금과 고용보험 및 산업재해보험관계 성립 및 의료보험조합 관련신고 등이며, 이것이 완료되면 기업활동을 개시할 수 있게 된다.

5) 회사의 설립절차(주식회사)

(1) 정관의 작성

정관이란 회사가 제정한 자치법규로서 실질적으로 회사의 조직 및 활동에 관한 근본규칙을 말하고, 형식적으로는 근본규칙을 기재한 서면을 말한다. 발기인이 작성한 정관을 원시정관이라고 하며, 여기에는 발기인 전원이 기명·날인하고 공증인의 인증을 받아야만 그 효력이 있다.

가) 절대적 기재사항

정관에 반드시 기재해야 하는 최소한도의 사항으로 그중 하나라도 기재하지 않을 때에는 정관과 더불어 회사의 설립 자체가 무효가 될 수 있는 사항이다.

① **목적** : 업종은 명확하게 구체적으로 기재되어야 한다.

② **상호** : 반드시 주식회사라는 문자를 사용해야 한다.

③ **회사가 발행할 주식의 총수**

④ **1주의 금액** : 1주의 금액은 5천 원 이상 균일해야 한다.

⑤ **자본금** : 5천만 원 이상이어야 한다.

⑥ **본점소재지**

⑦ **회사가 공고하는 방법** : 공고는 관보 또는 일간신문에 해야 하며, 신문은 특정 적으로 지정해야 한다.

⑧ **발기인의 성명과 주소**

표 2-10 주식회사 설립등기사항

① 목적, 상회, 1주의 금액, 본점소재지, 회사가 공고를 하는 방법
② 자본의 총액
③ 발행주식의 총수, 그 종류와 각종 주식의 내용과 수
④ 주식의 양도에 관하여 이사회의 승인을 얻도록 정한 때에는 그 규정
⑤ 지점의 소재지
⑥ 회사의 존립기간 또는 해산사유를 정한 때에는 그 기간과 사유
⑦ 개업 전에 이자를 배당할 것을 정한 때에는 그 규정
⑧ 주주에게 배당할 이익으로 주식을 소각할 것을 정한 때에는 그 규정
⑨ 전환주식을 발행하는 경우에는 상법 제347조(전환주식발행의 절차)에 게시한 사항
⑩ 이사와 감사의 성명 및 주민등록번호
⑪ 대표이사의 성명·주민등록번호·주소
⑫ 수인의 대표이사가 공동으로 회사를 대표할 것을 정한 때에는 그 규정
⑬ 명의개서 대타인을 둔 때에는 그 상호 및 본점소재지

나) 상대적 기재사항

정관 자체의 효력에는 영향이 없지만, 이를 정관에 기재하지 않으면 회사와 주주에 대한 관계에 있어서 그 효력이 발생하지 않는 사항을 말한다.

① 발기인이 받을 특별이익과 이를 받을 자의 성명

② 현물출자를 하는 자의 성명과 그 목적인 재산의 종류·수량·가격과 이에 대하여 부여할 주식의 종류와 수

③ 회사설립 후에 양수할 것을 약정한 재산의 종류·수량·가격과 그 양도인의 성명

④ 회사가 부담할 설립비용과 발기인이 받을 보수액

다) 임의적 기재사항

정관에는 위에서 설명한 절대적·상대적 기재사항 외에 강행법규, 사회질서, 주식회사의 본질에 반하지 않는 한 어떠한 사항이라도 필요에 따라 기재할 수 있다. 예를 들면, 영업연도, 주식의 명의개시절차, 이사와 감사의 수 및 자격, 이익처분에 관한 사항 등이다.

(2) 자본금의 납입과 창립총회 개최

회사설립시 발행하는 주식의 총수가 인수된 때에는 발기인은 지체 없이 인수가액의 전액을 납입시켜야 하며, 창립총회를 소집해야 하고, 창립총회에서는 3인 이상의 이사와 1인 이상의 감사를 선임해야 한다.

(3) 설립등기

주식회사의 설립등기는 창립총회일로부터 2주 이내에 관할 상업등기소에 하여야 한다.

6) 회사 설립등기 후 세무

(1) 설립 시내는 세금

법인등기를 받을 때에는 다음과 같이 등록세를 납부해야 한다.

① 상사, 회사, 기타 영리법인의 설립등기를 할 때에는 불입한 주식금액이나 출자금액 또는 현금 이외의 출자가액의 4/1000를 등록세로 납부해야 한다.(교육세: 등록세의 20%)

② 비영리법인의 설립등기를 할 때에는 불입한 출자총액 또는 재산가액의 2/1000를 등록세로 납부해야 한다.

③ 대도시 내에서 법인의 본·지점의 설립등기 또는 대도시 내에로의 전입등기에 대하여는 등록세를 5배로 중과세하도록 되어 있다.

④ 기타 수수료: 약 30만 원

(2) 법인설립신고

상법의 규정에 의하여 법인을 설립한 경우에는 설립등기일로부터 30일 이내에 관할 세무서에 법인설립신고를 해야 하며, 제출서류는 다음과 같다.

① 법인설립신고서 1부

② 법인등기부등본 1부

③ 정관사본 1부

④ 개시대차대조표 1부

⑤ 주주 또는 출자자 명부 1부

⑥ 대표이사인감증명서 1부

⑦ 주주의 출자확인서 각 1부

표 2-11 대도시지역의 범위

- 서울특별시
- 인천광역시(강화군, 옹진군, 서구 검단동, 남동 유치지역을 제외한다)
- 의정부시
- 구리시
- 남양주시(호평동, 평내동, 금곡동, 양정동, 지금동, 도농동에 한한다)
- 하남시
- 광명시
- 고양시
- 과천시
- 수원시
- 의왕시
- 성남시
- 군포시
- 안양시
- 시흥시(반월 특수지역을 제외한다)
- 부천시

(3) 사업자등록

신규로 사업을 개시하는 법인은 사업장마다 사업개시일로부터 20일 이내에 사업자등록신청서를 각 사업장 관할 세무서장에게 제출하여 사업자등록증을 교부받아야 한다.

가) 신설 본점법인
① 사업자등록신청서 1부
② 법인등기부등본 1부
③ 허가증사본 1부(법령에 의한 허가사업인 경우)

나) 지점법인 또는 사업장
① 신설 본점법인이 제출하는 서류 각 1부
② 등기부에 등재되지 않은 지점법인은 지점책임자의 재직증명서 및 지점설치에 관한 이사회 회의록 각 1부
③ 본점 사업자등록증 사본 1부

3. 여행업의 창업과정

1) 여행업의 창업과 법률검토

여행업의 경우 일반 기업의 창업과정과 유사한 과정을 거치게 되지만, 여행업의 성격상 몇 가지 세부적인 사항을 고려해야 한다. 일반적으로 여행업을 창업하고자 할 때는 창업자는 여행업의 특수성을 충분히 검토하여 여행업의 경제적 측면뿐만 아니라 대사회적 측면에 대한 검토가 선행되어야 한다. 그후 관계법규를 면밀히 검토하여 등록에 관한 사전준비를 실시하여야 한다. 여행업의 주요관련법은 관광진흥법, 관광진흥법 시행령, 관광진흥법 시행규칙에 의거하며, 일차적으로 등록의 기준(자본금, 사무실, 영업구역, 주무관청)을 검토하여 장·단기계획을 수립하여야 한다. 이차적으로는 단기적으로 도매여행업자와 항공사 또는 외국의 여행업자나 관광관련 산업과의 대리점계약이나 판촉대행에 관한 계약을 처리할 경우에는 관련 상법이나 계약에 관한 국제적 관례를 정밀하게 검토하여야 한다.

장기적으로는 여행업의 장기발전을 도모하기 위한 다각경영체제에 대비하여 관련

업종에 대한 계획을 수립하고, 세제지원 및 창업에 따른 혜택을 받을 수 있는 부분에 대한 준비가 필요하다.

여행업의 등록을 신규로 하는 자는 관광사업 등록신청서에 다음 각 항의 서류(사업계획서, 신청인의 성명·주민등록번호를 기재한 서류, 부동산의 소유권 또는 사용권을 증명하는 서류, 공인회계사 또는 세무사가 확인한 등록신청 당시의 대차대조표)를 첨부하여 관할등록관청에 제출하여야 한다. 일반여행업을 경영하고자 하는 자는 영업장소를 관할하는 시·도지사에게 등록을 신청하여야 하고, 국외여행업 또는 국내여행업을 경영하는 자는 영업장소를 관할하는 시장·군수에게 등록을 신청하여야 한다.

2) 여행업의 창업비용

여행업 창업에 필요한 법적 자본금의 최소규모는 업종에 따라 국내여행업의 등록기준은 자본금(개인의 경우에는 자산평가액)은 3천만 원 이상과 소유권 또는 사용권이 있는 사무실이 있어야 한다. 국외여행업의 등록기준은 자본금(개인의 경우에는 자산평가액)은 6천만 원 이상과 소유권 또는 사용권이 있는 사무실이 있어야 한다. 또한 일반여행업의 등록기준은 자본금(개인의 경우에는 자산평가액) 2억 원 이상과 소유권 또는 사용권이 있는 사무실이 있어야 한다. 그러나 여행사 자본금의 납입에 있어 자본금은 원칙적으로 자기자본으로 하여야 하나, 원천이 불분명한 자금으로 자본금을 준비한 경우 처벌의 대상이 된다. 여행사창업시 개인으로 할 것인지 또는 법인으로 할 것인지를 결정한다. 개인일 경우는 비용이 매우 절감되나 무한책임을 지고, 항공사와의 거래시에도 문제가 될 수도 있으며, 대외적으로 신용도도 떨어질 수 있다. 법인으로 설립시 우선 등기비용이 든다. 등기비용은 자본금의 약 2% 정도이다. 그중에 세금(등록세 및 교육세)이 자본금의 1.44%이다.

표 2-12 여행업의 등록기준

구 분	자 본 금
국내여행업	3천만 원 이상
국외여행업	6천만 원 이상
일반여행업	2억 원 이상
기획여행업	2억 원 이상 - 7억 원 이상

또한 여행업을 등록한 자는 그 사업을 시작하기 전에 여행알선과 관련한 사고로 인하여 관광객에게 피해를 준 경우 그 손해를 배상할 것을 내용으로 하는 보증보험 또는 업종별 관광협회의 공제에 가입하거나 영업보증금을 예치하여 한다. 여행업자가 가입 또는 예치하고 이를 유지해야 할 보증보험이나 공제의 가입금액, 또는 영업보증금액은 국내여행업 2000만 원 이상, 국외여행업 3000만 원 이상, 일반여행업 5000만 원 이상이다. 다만 일반여행업자 또는 국외여행업자가 국외여행을 하려는 자를 위하여 기획여행을 실시하려는 자는 사업연도의 매출을 기준으로 다음 각 항에서 정하는 기준에 따라 보증보험 또는 공제에 가입하거나 영업보증금을 예치해야 한다.

① 직전 사업연도의 매출액이 50억 원 미만: 2억 원 이상
② 직전 사업연도의 매출액이 50억~100억 원 미만: 3억 원 이상
③ 직전 사업연도의 매출액이 100억~1000억 원 미만: 5억 원 이상
④ 직전 사업연도의 매출액이 1000억 원 이상: 7억 원 이상

이 경우 손익계산서를 작성하지 아니하는 간편장부대상자 또는 직전 사업연도의 매출액이 없는 사업개시 연도의 경우에는 보증보험 등 가입금액 및 영업보증금 예치금액은 각각 2억 원 이상으로 한다.

3) 중 · 소규모 여행업의 창업과정

일반적으로 소규모의 여행사의 경우 지역밀착적이거나 주요 시장이 결정되어 있는 경우가 일반적이다. 이 경우에는 주로 시장의 성격에 따라 좌우되지만, 이러한 요소가 고려할 필요가 없는 경우에는 여행사의 성격을 판단하고 사무실의 입지를 위한 면밀한 검토 후에 사무실의 임대 및 디자인에 대부분의 시간이 소요된다.

전 과정에서 가장 주요한 요소는 채산성의 검토와 시장분석에 관한 면밀한 검토가 이루어져야 한다(그림 2-4). 중규모의 여행업의 경우에는 한국의 경우 국내여행업과 국외여행업을 겸업하는 경우로 가정할 수가 있다. 이 경우에 창업의 과정을 살펴보면, 시장기회를 분석하고, 경영 아이디어를 수집하며, 사회환경의 면밀한 검토를 실행한다.

창업준비자금의 경우 출자이사를 확정하고 여행사의 규모를 예상하기 위하여 여행업종의 형태를 결정한다. 직원의 규모와 회사의 외형을 어느 정도 설계한 후에 사

무실을 임대하고 가사의 조직을 구성한다. 총무·영업·발권 등 기초적인 조직의 구성을 완료한 후에 외부 등록과정과 내부 준비과정을 병행하여 작업을 수행한다. 법인 등기의 경우 주요 첨부서류로서는 '은행잔고증명서'를 첨부하는데, 이 경우에는 법인 대표자의 은행잔고를 확인한 후에 은행에서 발급받는다.

그림 2-4 창업시 검토사항

여행사의 성격, 판매품목의 방침 수립

↓

입지·지역·위치의 검토

- 상권의 조사
- 상권의 수요예측
- 통행량조사
- 내점예상층의 분석, 교통수단, 특성, 직업·연령조사
- 상품구입, 판매비율의 가설
- 예상판매액의 추정

사무실(물건) 찾기, 조사, 검토

- 경쟁물건이 있으면 비교
- 임차조건 교섭
- 판매를 위한 여러 시설과 레이아웃(layout)안 작성
- 부대경비, 운영경비, 집기류의 견적계산

여행사경영의 채산성 검토

- 면적, 시설, 경비, 인원, 이익
- 보증금, 설비비용, 운영비, 집기류, 임대료
- 물건의 장래성, 영업의 장래계획
- 채산성 검토

종합조정 판단

자료: 森谷, 1984: 49.

그림 2-5 중소규모 여행업의 창업과정

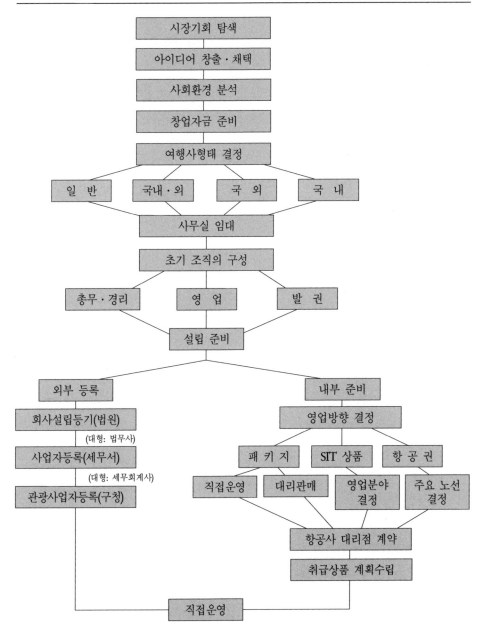

세무서에서 사업자등록을 필하고, 서울의 경우 구청에서 관광사업등록을 받게 된다. 이 경우 행정 간소화의 일환으로 사업자등록시 바로 관광사업등록이 필하는 것으로 업무를 간소화하는 것이 바람직하다. 이러한 과정에서 회사설립등기의 경우 법무사에, 사업자등록의 경우 세무사에 의뢰하여 대행하는 경우도 있다.

내부 준비단계에서 상품에 관한 준비 등의 영업방향을 정하고, 항공사 등 주요공급업자와의 대리점계약을 체결하는 것이 중요하다. 이 경우 공급업자마다 조건이 다르나, 항공사의 경우 필요서류는 대표자이력서·관광사업자등록증·사용인감 등이 필요하다. 국내외 여행업을 동시에 할 경우에는 필요서류를 한꺼번에 준비하는 것이 효과적이다.

4) 도매여행업의 창업과정

여행업을 창업하는 과정은 관련 법규에 의하면 대단히 간단한 과정일 수 있다. 그러나 여행업의 장기목표나 세계시장을 목표로 창업을 하는 과정은 보다 면밀한 검토를 해야만 한다. 일반적으로 여행업을 창업하기 위해서는 창업에 대한 명확한 철학과 의지가 확립되어야 한다.

여행업 자체에 대한 충분한 이론의 무장과 사회기여에 대한 뚜렷한 의지가 없으면 수많은 난관을 헤쳐 나가기가 어려울 것이다. 따라서 이론의 무장과 현장경험에 의한 의지를 확립한 후에 창업을 위한 준비에 들어가야 한다. 이러한 기본 계획단계에서는 수지계획과 운영계획을 수립하여 소요자금과 인원규모 및 적정 운영계획 검토 등을 연구해야 한다. 이 결과를 근거로 투자규모를 결정하고 기획조사단계로 들어간다.

기획조사단계에서는 사업성 검토와 입지분석을 실시한다. 특히 이 단계에서 동종업종의 실제성과를 측정하여 성공가능성과 관련기관 및 동종업체의 제안과 요구사항을 수집하는 것이 효과적이다.

이제까지의 모든 결과를 검토하여 경영방침을 설정하여 실시단계로 들어간다. 실시단계에서 중요한 사항은 경영 시뮬레이션을 실시하고 마케팅계획을 실시하는 것이다. 소입지분석에 이어 대입지분석을 반복적으로 실시하는 것은 본사의 입지와 대리점의 입지가 경영성과에 지대한 영향을 주므로 면밀한 검토가 반복 시행되는 것이 바람직하다. 또한 여행시장의 주요 소비자의 성격을 파악하여 주력목표시장을 결정하고, 향후 여행업의 소유와 경영에 관한 원칙을 세워야 한다.

등록단계에서는 등록서류를 준비하여 관계행정기관에서 요구하는 법률적 요건과 서류준비를 사전에 완료한다. 곧이어 등록을 실시하고, 등록 후 점검사항을 검토하여 법인설립신고와 창업비 회계처리, 영업보증보험, 약관의 신고 등을 처리한다. 영업개시 직전에는 종합운영계획을 편성하여 판매촉진훈련, 직원의 훈련, 자금조달계획 등을 수립하여 본격적인 창업의 닻을 올린다.

5) 사업계획서 작성

(1) 사업계획서의 의미

여행사의 창업과정에 있어서 사업계획서의 작성은 사업자등록에 필요한 요식행위에 그치는 것이 아니라 실제에 있어서도 매우 중요한 계획서일 수 있다. 향후 사업에 관련된 제반 사항, 즉 사업의 내용, 시장의 구조적 특성, 소비자의 성격구성, 시장확보의 가능성과 마케팅전략, 해당 여행상품의 특성과 향후 수익전망, 투자의 경제성, 사업에 대한 소요자금 규모 및 조달계획, 차입금의 상환계획, 조직 및 인력계획 등 창업에 관련되는 제반 사항을 객관적·체계적으로 작성하는 중요한 자료이다.

사업계획서는 창업자 자신을 위해서는 사업성공의 가능성을 높여주는 동시에, 여행사의 계획적인 창업을 가능하게 하여 창업기간을 단축하여 주고, 사업의 성취에도 많은 영향을 미친다. 또한 창업에 도움을 줄 제3자, 즉 동업자·출자자·금융기관·매입처·매출처, 더 나아가 일반 고객에 이르기까지 투자의 관심유도와 설득자료로 활용도가 매우 높다. 이런 이유로 사업계획서 작성은 정확하고 객관성이 유지되어야 하며, 전문성과 독창성을 갖춘 보편타당한 사업계획서가 되지 않으면 안 된다.

(2) 사업계획서 작성원칙

사업계획서는 창업자의 얼굴인 동시에, 창업자 자신의 신용이다. 창업시의 사업계획서는 창업자 자신이 효율적으로 창업기업을 설립하여 그 사업을 지속적으로 성장·발전시켜 가고자 하는 창업자의 구체화된 의지이며, 체계적으로 정리·기술한 창업계획서이기 때문이다. 이러한 관점에서 사업계획서 작성시에는 다음과 같은 주의와 기본 사고 아래에서 작성되어야 한다.

첫째, 사업계획서는 충분성과 자신감을 바탕으로 작성되어야 한다. 창업자 자신이 가지고 있는 목표 아이템을 제3자에게 설득력 있게 납득시키는 것이 사업계획서의 제1의 목적이다. 따라서 계획사업에 대한 내용을 충분히 그리고 구체적으로 작성할 필요가 있다. 사업내용이 창업자 자신에게는 다년간 관심과 연구의 결과일 수 있지만, 제3자의 입장에서는 생소한 경우가 대부분이기 때문이다.

둘째, 사업계획서는 객관성이 결여되어서는 안 된다. 자칫 자신감이 너무 지나쳐 제3자가 느끼기에 허황되고 실현가능성이 없다고 판단될 때는 신뢰성에 큰 타격을 입을 수도 있다. 따라서 공공기관 또는 전문기관의 증빙자료를 근거로 한 시장수요 조사와 최소한의 회계적 지식을 갖고 매출액과 수익이 추정되어야 한다.

셋째, 계획사업의 핵심내용을 강조하여 부각시켜야 한다. 사업계획이 평범하면 제3자의 호감을 사지 못한다. 계획상품이 경쟁상품보다 여행자의 호응이 있으리라는 기대를 갖고 상품의 특성을 설명하되, 잡다한 부수적 생산상품보다 창업초기 전략계획상품을 중심으로 1~2종, 많더라도 3종을 넘지 않은 범위 내에서 핵심적으로 상품을 설명할 필요가 있다. 흔히 창업자들이 이 목표상품을 잘못 선택하여 창업에 실패하는 경우가 많기 때문이다.

넷째, 자금조달 운용계획은 정확하고 어느 정도 실현가능성이 있어야 한다. 창업자 자신이 조달 가능한 자기자본은 구체적으로 현금과 예금 및 부동산 담보 등에 의한 조달액을 표시함으로써 제3자로부터 창업자의 최소한의 자금조달능력을 신뢰하게 할 필요가 있다. 그후 동업자·금융기관 등으로부터의 조달계획을 구체적으로 표시해야 한다.

자금조달계획이 어느 정도 확정된 후에는 정확한 소요자금 사정이 필요하다. 흔히 창업자의 법은 합당하지 못하다. 사업은 욕심만으로 할 수 없다. 창업자 자신의 수준과 능력에 맞지 않는 사업은 실패할 수밖에 없기 때문이다.

다섯째, 계획사업에 잠재되어 있는 문제점과 향후 발생 가능한 위험요소를 심층적으로 분석하고, 예기치 못한 사정으로 인하여 창업이 지연되거나 불가능하게 되지 않도록 다각도에 걸친 점검이 요구된다.

(3) 사업계획서의 구성내용

사업계획서는 크게 나누어 기존 업체의 사업계획서와 창업기업의 사업계획서로 대별된다. 기존 업체의 사업계획서는 일종의 경영계획으로서 작성되며, 기간에 따라 중·장기경영계획과 단기경영계획인 연도별 경영계획으로 구분된다.

창업과 관련된 사업계획서는 크게 나누어 ① 인·허가용 창업사업계획과 승인신청용 사업계획서, ② 금융지원 투자자의 유치를 위한 창업투자자 제출용 사업계획서, ③ 기타 용도의 사업계획서로 구분된다.

설명의 편의를 위하여 각종 사업계획의 내용을 망라한 기본 사업계획서의 양식과 그 구성 및 내용에 따라 사업계획서 작성방법을 구체적으로 설명하고자 한다. 창업자는 이와 같은 기본 사업계획서를 토대로 하여 사업계획서 작성목적과 필요에 따라 이 내용의 전부 또는 일부를 발췌하여 정해진 배열순서에 따라 작성하면, 용도에 맞는 사업계획서가 된다.

이러한 사업계획서는 목적에 따라 여러 가지로 분류할 수 있으나 많이 활용하는 측면에서 보면 ① 창업자 자신이 사업계획을 나름대로 구체화하여 사업계획을 수립하고 이를 동업자·판매처 용도 등에 활용할 목적으로 작성하는 간이사업계획서, ② 창업조성 실시계획 승인 및 창업자금 조달 등을 위한 외부관계기관 제출용 사업계획서로 구분하여 볼 수 있으며 구성내용을 살펴보면 <표 2-3>과 <표 2-4>와 같다.

물론 창업자 자체용도의 간이사업계획서도 창업자의 목적 등에 따라 그 내용을 가감할 수 있으며, 외부관계기관 제출용 사업계획서도 특수목적에 따라 추가 또는 삭제하거나 그 분량을 임의로 조정할 수 있다.

표 2-13 창업자용 간이사업계획서(예시)

I. 기업체 현황 　1. 회사 개요 　2. 업체연혁 　3. 창업동기 및 향후 계획 II. 조직 및 인력현황 　1. 조직도 　2. 대표자, 경영진 및 종업원 현황 　3. 주주 현황 　4. 인력구성상의 강·약점 III. 취급상품계획 　1. 여행상품의 내용 　2. 상품취급계획 IV. 영업활동계획 　1. 거래선 현황 및 계획 　2. 영업조직의 구성과 특징 　3. 영업활동계획 V. 시장성 및 판매전망	1. 일반적 시장 현황 　2. 동업계 및 경쟁회사 현황 　3. 시장 총규모 및 시장점유율 　4. 판매실적 및 판매계획 VI. 재무계획 　1. 최근 결산기 주요 재무상태 및 영업 　　실적 　2. 금융기관 차입금 현황 　3. 소요자금 및 조달계획 VII. 사업추진 일정계획 VIII. 특기사항 IX. 첨부서류 　1. 정관 　2. 상업등기부등본 　3. 사업자등록증 사본 　4. 최근 2년간 요약결산서 　5. 경영진 이력서

표 2-14 외부기관 제출용 기본 사업계획서(예시)

I. 기업체 현황 　1. 회사개요 　2. 업체연혁 　3. 창업동기 및 사업의 기대효과 　4. 사업전개방안 및 향후 계획 II. 조직 및 인력 현황 　1. 조직도 　2. 조직 및 인력구성의 특징 　3. 대표자 및 경영진 현황 　4. 주주 현황 　5. 관계회사내용 　6. 종업원 현황 및 고용계획 　7. 교육훈련 현황 및 계획 III. 취급상품 현황과 계획 　1. 상품의 내용 　2. 여행상품의 사업전망 　3. 향후 상품취급계획	태 및 영업실적 　　나. 금융기관 차입금 현황 　2. 재무추정 　　가. 자금조달 운용계획표(자금흐름분 　　　석표) 　　나. 추정대차대조표 　　다. 추정손익계산서 　3. 향후 수익전망 　　가. 손익분기점 분석 　　나. 향후 5개년 수익전망 　　다. 순현가법 및 내부수익률법에 의한 　　　투자수익률 VII. 자금운용 조달계획 　1. 소요자금 　2. 조달계획 　3. 연도별 증자 및 차입 계획 　4. 자금조달상 문제점 및 해결방안

Ⅳ. 영업활동 현황과 계획
  1. 거래선 현황
  2. 거래선의 확충계획
  3. 영업조직의 구성
  4. 영업조직의 특성
  5. 영업활동계획
Ⅴ. 시장성 및 판매전망
  1. 관련사업의 최근 상황
  2. 동업계 및 경쟁회사 현황
  3. 판매 현황
    가. 최근 2년간 판매실적
    나. 판매 경로 및 방법
  4. 시장 총규모 및 자사제품 수요전망
  5. 연도별 판매계획 및 마케팅전략
    가. 연도별 판매계획
    나. 마케팅전략
    다. 마케팅전략상 문제 및 해결방안
Ⅵ. 재무계획
  1. 재무 현황
    가. 최근 결산기 주요 재무상

Ⅷ. 사업추진 일정계획
Ⅸ. 특정 분야별 계획
  1. 대리점 설치계획
    가. 지역별 대리점계약
    나. 상품별 대리점계약
  2. 자금조달
    가. 자금조달의 필요성
    나. 소요자금총괄표
    다. 소요자금명세
    라. 자금조달형태, 자금용도, 자금규모
    마. 보증 및 담보 계획
    바. 차입금 상환계획
Ⅹ. 첨부서류
  1. 정관
  2. 상업등기부등본
  3. 사업자등록증 사본
  4. 최근 2년간 결산서류
  5. 최근 월합계잔액시산표
  6. 경영진·기술진 이력서
  7. 기타 필요서류

외부관계기관 제출용 사업계획서는 주로 창업조성 실시계획 승인신청 또는 각종 용도의 자금지원을 위한 승인신청시에 제출하게 되는데, 각 기관에 따라 내용상 차이가 있다. 사업계획서 작성이 필요한 경우는 각종 인·허가 또는 자금지원을 위한 외부관계기관에 제출하기 위해 작성하는 경우가 있는가 하면, 창업자 자신이 동업자·주주·거래처·이해관계자 등에게 자기 사업계획을 소개할 필요가 있거나, 스스로 계획적인 사업추진을 위해 비교적 간단하게 작성할 필요성이 있을 때도 있다.

6) 여행업관련 서비스업의 창업과정

(1) 서비스업의 일반적인 창업절차

서비스업은 여행업을 비롯하여 표준산업분류표에서 볼 수 있듯이 수리·수선업, 숙박업, 음식점업, 운수업, 창고업, 통신업, 금융·보험업, 부동산업, 임대업, 교육서비스업, 보건업, 사회복지사업, 사업서비스업, 개인서비스업에 이르기까지 그 영역이 광범위하고 다양하여 어느 한 가지 모델을 정하여 창업절차를 설명하기가 용이하지 않다. 예를 들어 학교나 병원을 설립하려면 제조업의 설립절차나 공장건설 및 직원 채용보다 훨씬 더 복잡하고 까다로운 절차를 거쳐야 하는가 하면, 음식점이나 여관·창고업·자동차수리센터 등을 창업하려는 경우도 점포선정을 비롯한 제반 설립절차와 거의 비슷한 순서로 이루어진다. 그러나 컨설팅사나 부동산중개소 및 개인 서비스업의 경우는 관련법에 개업의 자격이 정해진 때는 유자격자가, 그렇지 않은 때는 전문적인 경험이나 아이디어를 갖고 있는 창업자가 사전 준비과정은 있겠으나 건물 내 사무실을 임차하여 비교적 쉽게 개업할 수 있다.

그림 2-6 서비스 창업의 기본 절차도

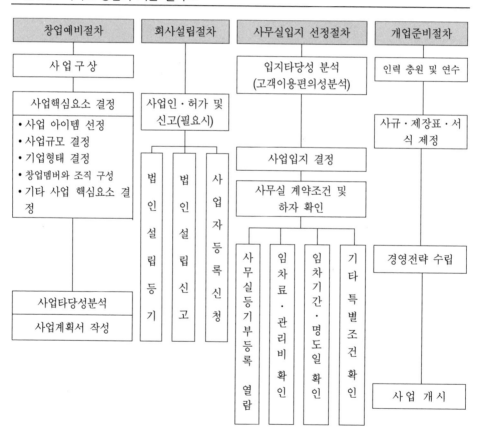

이처럼 서비스업의 창업이 제각기 다른 절차와 내용으로 이루어지기 때문에 항목별 창업절차는 제조업과 유통업에서 설명된 내용 중에서 유사한 부분을 참고하도록 하고, 여기서는 일반적으로 서비스업종에 공통적으로 적용될 수 있는 창업예비절차, 회사설립절차, 사무실입지 선정절차, 개업준비절차로 구분하여 각 단계별 세부내용을 도표로 제시하고, 구체적 과정에 대한 설명은 생략하고자 한다.

그리고 서비스업도 제조업 및 도·소매업과 마찬가지로 창업자가 사업자등록이나 법인신고만으로 영업활동이 가능한 업종과 사업을 영위하기 위하여는 필요한 시설 및 자격을 갖추고 관계 정부기관에 인·허가를 받아야 하는 인·허가업종으로 구분할 수 있다.

(2) 인·허가가 필요한 업종의 기준과 절차

표 2-15   인·허가절차가 필요한 서비스업

사 업 명	근 거 법 령	처 리 기 관	비 고
부동산중개업	부동산중개업법 제4조	시·군·구	허 가 업 종
숙 박 업	공중위생법 제4조	시·군·구	
식품접객업	식품위생법 제22조	시·군·구	
유 기 장 업	공중위생법 제4조	시·군·구	
여 행 업	관광진흥법 시행령 제32조	시·군·구	등 록 업 종
자동차운송알선사용	자동차운수사업법 제49조	시·도	

서비스업은 도·소매업과 마찬가지로 업종의 특성상 인·허가사항이 적으며, 창업절차가 간단하기 때문에 일반적으로 사무실을 확보하고 사업자등록을 마치면 사업을 영위할 수 있지만, 공중위생과 관련이 있는 업종, 사행행위 등 행정규제가 필요한 업종, 전문지식이 요구되는 서비스업 등에 대하여는 개별 법령에서 시설기준·자격요건 등을 규정하여 국민생활을 보호하고 있다.

그러므로 창업자는 업종을 선정하고자 할 때 자신이 창업하려는 업종이 관련법에 의해 허가·등록 또는 신고가 필요한 업종인지 여부를 파악하여 창업주를 하여야 한다. 인·허가가 필요한 제조업 및 도·소매업과 마찬가지로 서비스업도 개별 법률마다 약간의 차이는 있지만 일반적으로 금치산자 또는 한정치산자, 파산선고를 받고 복권되지 아니한 자, 금고 이상의 형의 선고를 받고 그 집행이 종료되거나 집행을 받지 아니하기로 확정된 후 1~2년이 경과되지 아니한 자, 각 업종별로 개별법을 위반하여 허가 등이 취소된 후 2년이 경과하지 아니한 자 등은 결격사유자로 인·허가를 받을 수 없다.

제 3 장
여행업의 조직과 경영수익

여행업의 조직

1. 여행사 경영조직의 중요성

일반적으로 조직이란 특정한 목표를 추구하기 위하여 구성된 사회적 단위 혹은 인간집합을 말한다. 이러한 조직의 개념을 기초로 경영조직이란 둘 이상의 사람들이 모여서 어떤 공통된 목표를 달성하기 위해 협동적으로 일을 수행하는 조직체를 말한다.(B.J. Hodge, W.P. Anthony, 1988:7)

타 업종과 달리 무형의 상품을 판매하는 여행사는 인적자원의 의존도가 높은 편이다. 따라서 여행사의 특성에 맞는 경영조직이 구성되어야 한다. 또한 여행사의 고유업무를 하기 위한 기본적인 조직은 최근 인터넷의 환경으로 다양해지고 있다. 경영조직의 합리화와 개인의 능력과 적성에 알맞은 업무분장은 여행사직원 개개인에게 책임과 권한을 명확히 해주고, 그들 스스로 조직의 일원으로서 자발적으로 협조하도록 동기를 부여함으로써 조직관리의 극대화와 경영효율화를 이룰 수 있을 것이다. 건전한 경영조직은 여행기업의 존재뿐만 아니라 경영의 합리화로 기업의 다각화를 기할 수 있고, 사업확장과 복지증진에도 영향을 줄 것이다.

여행사 조직을 구성할 때 주의해야 할 점은 다음과 같다. 첫째, 조직은 사업목적 달성에 도움을 주어야 한다. 둘째, 조직은 가능한 한 중간계층이 적고, 명령경로가 짧아야 한다. 셋째, 내일의 최고경영자의 육성 및 그들의 능력발휘를 할 수 있는 구조를 갖추어야 한다.

2. 여행사 조직의 방향성

여행사 조직은 소수의 전문성을 겸비한 직원, 즉 인맥파워가 가장 중요한 요소이다. 조직의 구성은 고객지향적이어야 하며, 어떤 부서보다도 영업부문의 역할이 강조되어야 하고, 동적조직으로 구성되어야 한다. 따라서 여행사는 변화무쌍한 기업환경에 적응하려면 기존의 정형화된 조직에서 탈피해서 조직의 방향성에 기초해서 탄력적으로 조직을 경영해야 한다.

1) 고객지향성

여행사에서는 무형의 상품을 판매하고 있고 대인관계에 의한 판매이기 때문에 조직은 고객지향적이어야 한다. 즉, 여행상품 관련 담당자가 부재중이라 업무가 지연되거나 원활한 업무진행에 문제가 생기게 되면 무형의 상품을 판매하는 여행사의 신뢰에 큰 영향을 미칠 수 있다. 따라서 여행사 조직은 철저하게 고객중심으로 탄력적으로 운영이 되어야 고객에게 편안함과 신뢰감을 줄 수 있다.

2) 영업부문 위주의 조직

고객지향적인 조직을 지향하고 관리부문, 서비스부문과 함께 영업부문을 가장 힘을 실어주어야 한다. 따라서 고객지향적인 경영체계와 직원의 인원배치시에 영업부문을 핵심에 두고 배치하는 것이 필요하다.

3) 동적조직

여행업계를 둘러싼 기업환경은 급속도로 변화하고 있고 신상품의 기획, 개발 및 판매촉진을 계획적으로 해나가야 한다. 이 경우 조직을 탄력적으로 운영해야 한다.

3. 여행사 조직의 조직유형

1) 부문별 조직구조

기업의 목적을 어떻게 수행해 나가고 있는가를 기본적으로 기능을 별도로 분할한 것이 부문이다. 즉, 부문별 조직구조란 기능을 별도로 분할한 조직구조를 말한다. 각 부문은 각각 특정 기능에 전문화되어 있어 능률은 좋으나, 부문간의 협조가 잘 이루어지지 않을 수 있다. 따라서 조직을 고려할 때 부문간의 협조와 부문간 조정사항을 중시해야 한다. 또한 기업의 전체적인 시각에서 보고 통합적 시야에 입각한 인재육성이 필요하다.

여행사는 일반적으로 기능별, 지역별, 상품별, 고객별, 작업별 등으로 구분하고 있다. 각 부문의 특정기능으로 전문화하여 가장 효과적으로 분할해야 하며, 또한 동업계 타사의 조직구조도 참고로 해서 자사의 상황에 맞는 방법을 선택해야 한다.

여행사는 통상적으로 본사조직은 총무부문과 영업부문으로 구분하고 총무부문에는 총무부, 경리부, 인사부를 나누어 담당업무를 나누고, 영업부는 국내여행영업부, 해외여행영업부, 국제여여행영업부로 담당업무를 나눈다.

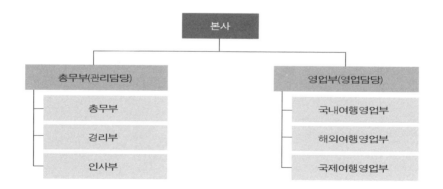

(1) 기능별 조직구조

기능별 조직은 업무의 기능별 분류에 의해 전문화시켜 직원들이 자기가 맡은 업무에 집중이 가능해 업무의 능률은 물론, 전문성과 노하우가 쌓여 효율성을 극대화시킬 수 있는 장점이 있다. 반면 본인이 담당한 업무 이외 것은 잘 모르고, 자기가 맡은 업무만 함으로써 타 부서와의 협조가 잘 되지 않아 고객입장에서 불편을 겪을 수도 있다.

(2) 사업부 조직구조

사업부조직은 최고경영자의 조정기능이 각 사업부 관리자에게 위임되어 어느 정도 분권화가 가능하며, 각 사업단위가 독립적이므로 사업부 관리자는 시장별 특성을 고려할 수 있어 시장 적응성과 유연성을 높일 수 있다. 사업부 조직은 지역별과 상품별로 나누어 조직을 구분할 수 있다.

(3) 매트리스 조직구조

매트리스 조직은 기능별 조직구조의 효율성과 사업부 조직구조의 시장 적응성의 장점을 살리고 단점을 보완하기 위한 혼합형 조직구조 형태이다.

기능별 조직	사업부 조직	메트리스 조직
• Taylor가 창안. 수평적 분화, 관리자 업무 강화, 지휘·감독 • 직무상 유사업무끼리 기능을 묶는 조직 • 업무활동을 중앙본부에 보고 • 장점: 전문성, 경제성 집중력 등 • 단점: 기능부서별 의견 불일치, 집단간 책임감 결여, 부서별 이기주의 • 단일상품, 서비스의 생산·판매에 적합한 소규모 조직형태 • 전형적인 여행사조직 • 대표적 예: 탑항공	• GM, DUPON사 제창. 분권화, 집권화의 조화 • 하나의 사업체 내에 또 하나의 사업체 형성 • 장점: 상품·서비스에 대한 책임제 부과. 장기적인 경영문제 관심 부여 • 단점: 기능상 중복에 의한 비용 증대. 사업부간 비협조 갈등 • 홀세일러 시장을 확보하기 위한 네트워크 조직개편 • 대표적 예: 한진관광	• 기능별 조직과 사업부 조직의 혼합 • 기업의 시장 적응성과 운영의 효율성을 동시에 충족 • 기능별 조직: 효율성을 극대화 • 사업부조직: 시장적응성을 높여줌 • 대표적 예: 롯데관광

(4) 계선(Line)조직구조

계선조직구조는 전통적인 여행사의 경영조직으로 중·대형 여행사가 아닌 소규모 여행사에 적합한 조직구조로 경영자의 의사결정이 상부에서 하부로 직선적으로 전달되는 조직형태이다. 계선조직은 기능을 분화하기 어렵고, 지시계통이 일원화가 유지되나 복잡 다양한 여행사 기능의 전문화를 위해서는 폭넓은 업무처리 기회가 제공되지 않아 여행사직원의 전문지식 습득이 어렵다.

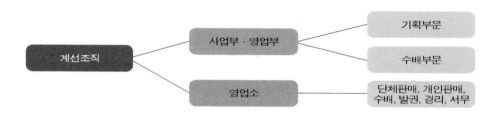

(5) 참모(Staff)조직구조

참모조직은 계선조직의 영업활동을 원조 및 촉진하는 부문이다. 참모의 역할은 판매활동을 지원하기 위해 전문적인 지식에 입각해 조언하거나 상담서비스를 제공해준다.

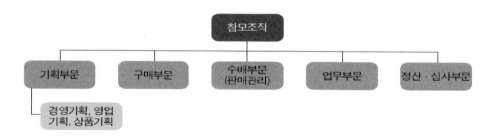

일반적으로 여행사는 계선조직과 참모조직이 혼합하여 구성되어 있다. 담당자 한 사람 한 사람이 각자 자신의 역할을 인식하고 협력하고 종합적인 능력을 발휘할 수 있게 조직을 구성해야 한다.

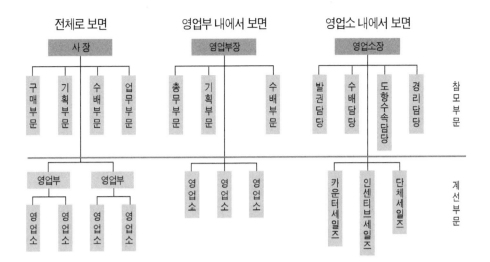

전체로 보면

사 장

구매부문　기획부문　수배부문　업무부문

영업부　　영업부

영업소　영업소　　영업소　영업소

영업부 내에서 보면

영업부장

총무부문　기획부문　수배부문

영업소　영업소　영업소

영업소 내에서 보면

영업소장

발권담당　수배담당　도항수속담당　경리담당

카운터세일즈　인센티브세일즈　단체세일즈

참모부문

계선부문

탑항공 조직도(기능별 조직)

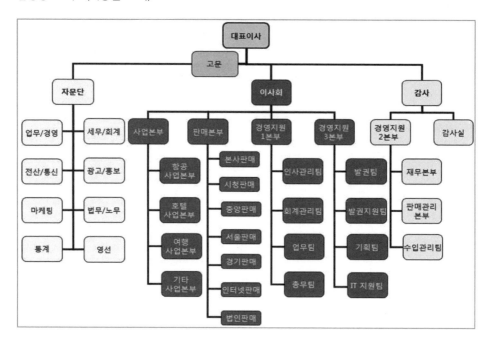

한진관광 조직도(부서별 조직)

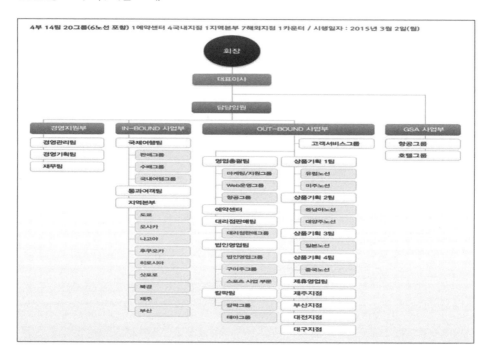

제1편 여행업 경영의 이해

롯데관광개발 조직도(매트리스 조직)

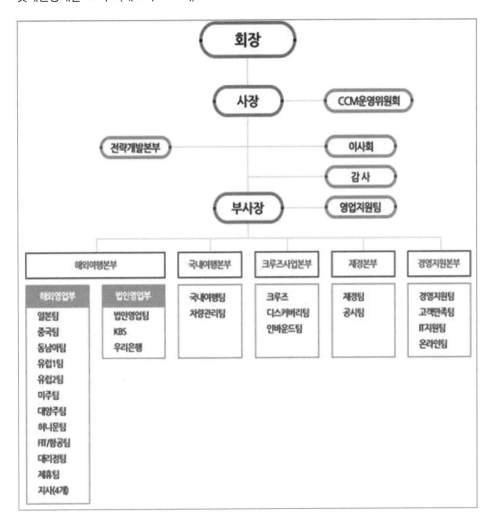

웹투어 조직도(온라인 여행사)

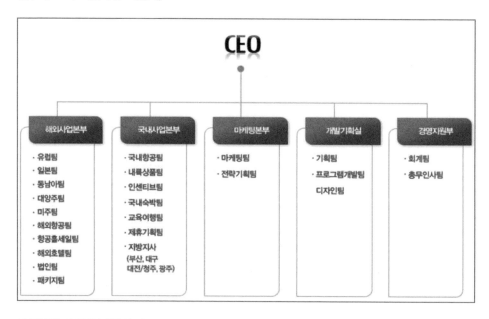

모두투어 조직도(네트워크)

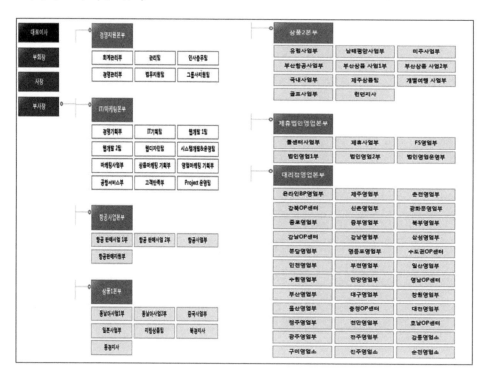

내일투어 조직도

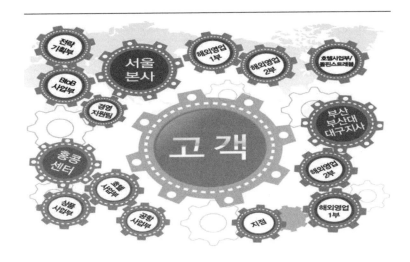

2) 계층별 조직구조

조직을 횡적으로 구성하고 있는 것이 계층으로 계층별 조직구조란 횡적, 즉 수직적으로 각 계층마다 상하의 관계를 가지고 역할 및 지위에 차이를 두고, 최고경영층에서 최하위 실무자까지 권한을 중심으로 계층이 형성되도록 편성한 조직을 말한다. 계층은 상하의 의사소통이 가능하면 적을수록 좋다.

왜냐하면 계층이 하나 증가할 때마다 목표가 왜곡되어 상호이해가 어렵게 되어 마찰의 원인이 될 수도 있다. 여행사는 서비스업이고 중소기업이 많아 최고경영자가 고객의 목소리를 직접 들을 수 있도록 가능한 관리계층이 적은 것이 바람직하다.

계층별 조직(일반여행업)

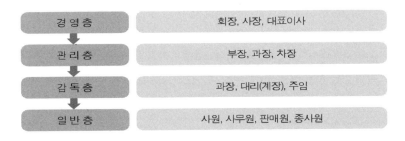

여행업의 직무

현재 우리나라의 여행사들은 관광진흥법에 근거해 관광사업으로 등록을 하고 관광사업에 의해 구분된 일반여행업, 국외여행업 및 국내여행업 중에서 그 전부 또는 일부의 업무를 취급하고 있다.(관광진흥법 시행령 2조)

여행사는 기업의 규모나 영업형태, 영업의 범위, 직원의 수에 따라 조직의 구조와 업무가 달라지고, 여행사의 업무와 역할은 시대에 따라 변화와 발전을 계속하고 있고, 호경기와 불경기에 따라 민감하게 반응하고 대응전략을 달리해야 하며, 성·비수기의 계절성을 극복할 수 있는 여행상품 개발을 요구하는 경영특성을 가지고 있다.

여행사의 주요업무는 여행자를 위하여 운송·숙박 기타 여행에 부수되는 시설의 이용과 관련된 예약·수배업무, 여행자를 위하여 여행목적지에 대한 정보제공과 판매에 관한 상담업무, 여행자들의 사증 취득수속을 대행해 주는 수속대행업무, 여행안내원을 동반시켜 원활한 여행 진행을 위한 여정관리 업무, 여행상품 판매와 여행비용의 계산, 견적, 청구 및 지불 등의 정산업무 등이 있다(김정훈, 2003). 즉, 여행사의 업무는 여행사의 종류, 회사의 규모, 영업방향에 따라 상이하나 대체적으로 상담기능과 예약을 바탕으로 기획·개발업무, 수배업무, 판매업무, 수속대행업무, 발권업무, 국외여행인솔업무, 정산업무 등의 순환 과정을 통해 진행되고 있는 것이 일반적인 여행사의 업무흐름이라고 할 수 있다. 여행사의 이익창출과 고객가치 향상은 인적 자원을 기반으로 이루어지므로, 여행사는 인적 자원 의존성이 높다고 할 수 있다. 왜냐하면 여행사의 여행상품 개발과 판매 및 운용을 하는 주체가 여행사직원이고 여행사의 제도나 운영의 중심에 있는 것도 여행사직원이기 때문이다.

여행업종사자들의 주요 직무분석에 관한 기존 연구를 보면 여행업종사자는 국내여행안내원, 해외여행안내원, 관광통역안내원으로 나누고, 국내여행안내원, 해외여행안내원은 국내·외를 여행하는 개인 또는 단체에 각종 여행편의를 제공하고 관광지 및 관광 상품을 설명하거나 여행을 안내하고, 관광통역안내원은 국내를 여행하는 개인 또는 단체의 외국인에게 관광지를 설명하거나 안내를 하는 직무를 수행한다고 기술하고 있다.(이현정 외, 1998; 채예병, 2002; 유구창 외, 2005)

여행사에서 직원의 직무가 나날이 중요해져 가는데 여행사직원의 정의에 대해 명확히 제시하고 있는 연구가 부족한 실정이다.

관광진흥법의 여행업의 정의를 바탕으로 본 연구에서 여행사직원은 여행자와 여행사를 경영하는 자를 위하여 여행상품의 기획, 생산, 판매 및 정산, 기타 여행의 편의를 제공하는 일련의 업무를 정규적으로 수행하고 있고, 이를 위해 교육, 훈련받은 자로 정의하고자 한다. 또한, 여행사직원은 기존 여행업 종사자로 분류된 국내여행안내원, 해외여행안내원, 관광통역안내원이 아닌 여행사의 정규직 직원으로 외국어 능력과 기본 컴퓨터 활용능력을 갖추고, 여행상품 관련 지식, 항공사 및 항공권 관련 지식, 여행 현지관련 지식과 여행상품 기획능력, 고객 상담능력, 정산능력 등의 여행사 직무특성을 발휘하는 자로 한정한다.

여행사는 직원 수에 의하여 소규모(20명 미만), 중규모(20명이상 100명 미만), 대규모(100명이상 1,000명 미만), 초대형 규모(1,000명 이상)로 나뉘며(이달영·한금희, 1999), 유통형태에 따라 도매여행사·소매여행사·일반여행사로 나누어 볼 수 있다. 도매여행사란 여행관련업체로부터 여행소재를 받아 상품을 생산하여 소매업자에게 판매하는 여행사로 현재 하나투어·모두투어·한진관광이 홀세일업체(Wholesaler)로 운영되는 여행사이다. 소매여행사는 도매여행사가 생산한 여행상품을 제공받아 최종소비자인 여행객에게 판매하는 여행사, 즉 하나투어·모두투어 등 홀세일 여행사의 여행상품인 패키지상품을 대신 판매해 이에 상응하는 수수료를 받아 여행사를 유지하는 모든 중소 여행사이다(정훈 외, 2013). 이들 중소 여행사외에 여행상품의 기획, 생산, 판매를 모두 자사에서 취급하여 상품을 직접 판매하는 일반여행업을 하는 롯데관광, 참좋은 여행, 노랑풍선, 자유투어 등의 대형 여행사가 있다.

여행사직원의 직무는 기업규모, 영업범위, 업무내용, 직원 수에 따라서 다르나 대동소이하게 직무를 분장하며, 홀세일을 하는 도매여행사와 여행상품을 직접 판매하는 일반여행사로 나누어 조직구조에 따른 여행사직원의 직무는 다음과 같다.

홀세일을 하는 도매여행사는 기존의 오프라인 홀세일의 장점과 인터넷을 통한 간편한 예약과 발권을 하는 온라인의 장점을 결합하여 온라인 홀세일을 겸하고 있다. 대표적인 도매여행사인 하나투어와 모두투어는 외국인의 국내여행은 별도의 법인체로 운영하고 있고, 국내여행영업과 해외여행업무의 분장은 도매여행사는 공통적으로 크게 관리본부, 영업본부, IT기획본부로 업무분장하고 있다. 관리본부는 영업부를 지원하고, 기업의 홍보 및 마케팅, 재경업무, 자산과 인사관리 등의 업무를 하고 영업본부는 대리점 영업과 법인영업을 하고 해외사업부에서 여행상품의 기획·개발, 지상수배, 항공수배, 센딩, 인솔 등에 관한 업무를 한다. IT기획본부에서는 시스템개발, 웹개발, 인터넷기획, 전산관리 등의 업무를 한다. 홀세일을 하는 도매여행사직원의 직무를 정리해보면 <표 3-1>과 같다.

표 3-1 도매여행사직원 직무특성

직군(job family)	직렬(sub-job family)	직무(job)
영업본부	대리점영업	대리점대상 영업/관리 업무
	법인영업	일반 법인기업 대상 여행 및 출장 관리
	해외사업영업	국가별 상품기획, 개발, 지상·항공수배, 센딩, 인솔
관리본부	마케팅	고객분석, 마케팅 전략수립, 기업홍보 및 광고
	재경	출납, 수익관리, 회계, 감사, 법무
	관리	직원채용, 인사관리, 자산관리, 전산관리
IT기획본부	IT시스템개발	사내시스템 및 계열사 공유시스템 개발, 유지보수
	인터넷기획, 웹개발	웹사이트 개발, 운영 및 유지 보수
	전산관리	전산관련 시스템 유지보수

자료: H사, M사 홈페이지 및 여행사 자료 저자 정리.

여행상품의 기획, 생산, 판매를 모두 자사에서 취급하는 일반여행사는 일반적인 기업의 조직구조인 총무·경리·인사 등의 관리부문과 영업부문으로 나누어져 있고, 일반기업과 다른 점이 있다면 영업부문이 제조업과 달리 여행상품별, 지역별, 고객별, 작업별로 나누어져 있다는 것이다

일반여행사는 해외여행본부, 국내여행본부, 외국인국내여행본부의 영업부문과 재

무관리, 인사총무, 경영지원 등의 관리부문으로 업무를 분장한다.

　일반여행사 해외여행본부 직원의 직무는 국가별로 나누어 여행상품 개발, 지상수배, 항공수배, 수속업무, 정산업무, 판매업무 등이 있고, 국내여행본부 직원의 직무는 국내 지역을 담당으로 상품개발, 판매, 정산업무를 한다. 외국인국내여행본부 직원의 직무는 외국인을 대상으로 여행상품 기획·개발·판매, 견적과 현지연락업무, 호텔·차량·가이드 수배업무, 정산업무 등이다. 재무관리, 인사총무, 경영지원등의 관리부문은 영업부를 지원하고 회계·정산 및 채용, 인사, 자산관리 등의 업무와 사내교육, 기업홍보 등의 업무를 한다. 이상과 같이 일반여행사직원의 직무를 정리해보면 <표 3-2>와 같다.

표 3-2　일반여행사직원 직무특성

직군(job family)	직렬(sub-job family)	직무(job)
영업부	해외여행본부	상품개발·판매 지상수배, 항공수배, 수속업무, 정산업무, 판매업무
	국내여행본부	상품개발·판매 지상수배, 항공·철도수배, 정산업무
	외국인국내여행본부	상품기획·개발·판매, 견적과 현지 연락업무, 호텔·차량·가이드 수배업무, 정산업무
관리부	재무관리	회계, 정산, 출납, 감사, 법무, 수익관리 등 자산관리
	인사총무	직원채용, 인사, 사내교육, 조직관리
	경영지원	기업홍보, 마케팅, IT지원, 고객관리지원

자료: L사, C사 홈페이지 및 여행사 자료 저자 정리.

　여행사의 조직은 부문별, 계층별 조직으로 기업의 이윤추구 목적달성을 위해 각각의 부문에 숙련된 전문 인재들이 업무를 수행하기 때문에 효율적이라고 할 수 있으나 각 부문간의 협조간에 문제가 생길 수 있어 부문간 유기적이고 긴밀한 협조체계가 필요하다. 이러한 여행사직원의 직무특성을 고려해서 여행사는 효율적인 인적관리를 통해 기업의 내·외부적인 환경에 능동적으로 대처하고 탄력적인 조직관리와 기업성장에 집중할 필요성이 제기되고 있다. 또한, 나날이 치열해져 가는 현실 속에 여행사는 경쟁사와 비교해서 차별화된 서비스를 제공하지 않으면 고객의 선택을 받을 수 없고, 여행상품을 구성하는 여러 요인 중에서 인적서비스를 제공하는 직원의 역할이 가장 중요하다. 여행사의 기능이 여행알선, 여행상품 개발에서 여행상품 마케팅으로 계속 그 기능이 점차 변화, 발전해 오고 있듯이 여행사직원의 직무도 점차 발전해 나갈 것이고, 여행사는 우수한 직원의 유인과 유지에 관심을 가지고 효율적인 인적자원관리의 필요성이 제기되고 있다.

표 3-3 여행사업무의 직무분류

사업분야	주요영업활동	주요 직군
국내관광	국내관광	영업직, 예약·수배직, 항공·철도권매표직, 관광안내직
인바운드	외국인의 국내관광	상품기획 및 판매직, 수배·예약직, 관광안내직, 정산직
아웃 바운드	항공권판매	영업직, 항공예약·발권직, 정산직
	국외패키지관광	여행수속직, 상품기획직, 상품상담 및 판매직, 수배직, 상품 홍보·선전직, 대리점영업 및 관리직, 일반영업직, 국외여행인솔직, 정산직
	국외주문관광	여행수속직, 항공권판매직, 단체운영 및 수배직, 항공예약·발권직, 영업직, 국외여행 인솔직, 정산직

도매여행사 직무소개(하나투어 사례)

기획	회사전반의 경영계획 수립 및 성과관리, 조직관리, 경영혁신 등 경영의사결정 및 경영활동지원
홍보	언론홍보, 기업 및 브랜드광고, 사회공헌사업(CSR), 사내 커뮤니케이션 활동
인사	회사의 비전 및 경영전략과 연계한 채용, 배치, 이동, 평가, 보상 등의 인사활동 및 인사기획
교육	임직원, 하나투어 전문판매점, 해외지사의 교육을 통해 회사비전을 달성할 수 있는 인재양성
재무	분개, 결산, 세무, 출납, 자금관리 등 일련의 회계처리를 통하여 회사의 재무상태를 관리/개선하여 경영에 필요한 적절한 정보를 제공
총무	회사자산의 관리 및 유지업무/사내후생에 관련된 업무 회사의 비품 및 설비자산을 관리하며, 법무업무, 사무환경 개선 및 각종서비스 제공을 통한 업무 효율성 강화
대리점	여행대리점 및 제휴사 등이 여행정보 제공 및 여행상품 판매/지원
OP	상품 상담 및 예약업무, 대리점(여행사)과 상품운영관리 담당자들간 커뮤니케이션 담당, 여행 예약부터 출발까지 고객접점관리

마케팅	소비자의 트렌드분석 및 수요예측과 소비자 행동분석을 통하여 마케팅 전략 수립 및 영업활동에 적용
상품판촉	철저한 시장분석을 통한 해외여행 상품기획/개발 및 고객 프로모션 기획/집행/관리
온라인	고객니즈 시장조사, 통계자료를 바탕으로 한 서비스의 구축/개선 및 웹사이트 SNS 기획/ 구축
항공영업계획	항공권의 안정적 확보를 위한 연간수요예측, 판매실적 통계 및 분석, 프로모션 기획 및 항공사 대상 영업
항공예약발권	항공 스케줄 확인 및 좌석관리, 항공권 예약과 발권 및 요금산출
상품개발	중국/일본/동남아/구미대양주/테마 등 지역 및 상품의 특성을 반영한 여행상품 기획/개발/운영
IT	업무효율성 증대를 위한 최적의 IT 개발서비스와 원활한 전산서비스를 제공

여행업의 경영수익

1. 여행업의 수익구조

여행사의 주요 수입원인 수수료(Commision)의 사전적 의미는 어떠한 일을 맡아 처리해 주는 데 대한 요금으로 여행사가 여행객과 여행관련업자 사이에서 쌍방을 대표 또는 대리하여 여행을 알선하고 받는 일정한 보수(수수료)이다. 즉, 여행객을 대신해 여행소재 관련업자(교통업, 숙박업, 음식업, 관광목적지 현지여행사 등)의 상품구매를 알선하고 여행소재 관련 업자를 대신해 상품판매를 대리하고 그에 상응하는 서비스를 제공하여 그에 따른 일정의 커미션을 받는 것이다. 따라서 여행사에서 수수료 확보는 안정적으로 여행사를 운영하고 성장시키는 데 매우 중요하다. 최근 ICT 기술의 발달과 스마트폰을 이용해 고객들이 직접 예약과 발권하는 추세라 여행사의 표면적인 매출액에 비해 수익률은 점점 줄어들어 저수익 구조의 형태로 변화하고 있다.

여행사의 수익구조는 일반기업들의 수익구조와 마찬가지로 영업수익과 영업외 수익으로 나누어 볼 수 있다. 물론 여행사의 규모와 영업의 범위에 따라 그 수익내용도 달라지지만 여행사의 영업수익은 여행상품의 판매수익, 여행소재 관련 업자를 대리해 주고받는 수수료, 도매여행사나 타여행사의 상품을 대리판매하고 받는 수수료, 기타 비자발급과 여행자보험 가입을 대행해 주고받는 수수료가 여기에 해당한다. 영업외 수익으로는 수입이자, 외환차익이 있고, 코스피에 상장한 도매여행사와 코스닥에 등록한 대규모 여행사들의 경우, 발행한 주식이나 유가증권의 시세차익에 의한 수익이 여기에 해당된다.

2. 여행업의 수익구조형태

1) 저수익 구조

여행사는 여행객을 대신해 여행소재 관련업자(교통업, 숙박업, 음식업, 관광목적지 현지여행사 등)의 상품구매를 알선하고 여행소재 관련 업자를 대신해 상품판매를 대리하고 받는 수수료가 주된 수익원이고, 여행상품의 판매 매출액은 여행사의 전체 매출이 아니다. 따라서 여행사의 외형상 매출은 크게 보이지만 실제 발생한 총수익에서 총비용을 뺀 나머지 순이익은 극히 적은편이다.

2) 낮은 수수료율

여행업의 특성상 수익구조 기반이 약해 여행사의 수수료 수익은 매출액 대비 낮고, 여행업계의 양극화 현상으로 도매여행사 및 대형여행사로의 비대칭 구조가 날로 심각해지고 있으며, 원가 이하의 상품판매로 출혈경쟁이 하다 보니 떨어진 여행사의 수수료는 올리기 쉽지 않은 실정이다. 따라서 차별성이 있는 상품개발로 안정적인 수수료 수익이 보장될 수 있게 하고, 기타 부대수익이 창출할 수 있는 아이템 개발이 시급하다.

3) 박리다매의 수익구조

2010년 대한항공과 아시아나항공의 항공권 발권수수료 폐지로 여행사의 수익구조는 더 열악해졌고, 항공사가 여행사를 대상으로 실시하는 항공권 판매독려 차원에서 실시하는 볼륨인센티브제도를 실시하고 있다.

볼륨인센티브제도란 항공권을 판매한 규모(볼륨)에 따라 추가 수수료 등의 혜택(인센티브)을 제공하는 정책이다. 이 정책은 항공사별로 다양하게 운영하지만 일반적으로 다음과 같은 규정을 가지고 있다.

① 전년 동기 대비 판매 증가율
② 목표량 달성 여부
③ 판매금액증가분

④ 항공권 매수(枚數) 등이다.

도매여행사, 대형 직판여행사 및 OTA(Online Travel Agency)는 여행사의 대형화 추구를 통한 규모의 경제를 확보하기 위해 치열하게 경쟁한다. 볼륨인센티브제도를 이용해 도매여행사, 대형 직판여행사 및 OTA가 보다 저렴한 가격으로 박리다매를 하고 있어 중소형 여행사에게 볼륨인센티브 제도는 실질적인 도움을 주지 못하는 실정이고, 도매여행사와 대형여행사처럼 중소형 여행사도 수익을 줄이고 판매를 하고 있다.

3. 여행업의 수익원

1) 기본 수익원

(1) 항공권대행 판매수수료

항공사가 항공권을 판매하면 여행사에 지급하는 발권수수료는 2010년 대한항공에 이어 2011년 아시아나 항공이 완전 폐지되었다. 그외 기타 항공사들도 발권수수료를 아예 폐지하거나 수수료의 축소를 단행하고 있으며, 여행사들은 항공사로부터 받던 발권수수료 대신 여행사서비스수수료(TASF: Travel Agent Service Fee)를 개발하여 시행하고 있다. TASF는 항공사들이 여행사 대상 판매수수료(Commission) 지급을 중단하면서 이에 대한 대응책으로 여행업계가 마련한 대체수익원이다. 항공권 발권 서비스에 대해 소비자에게 일정 요율 또는 액수를 취급수수료로 부과해 사라진 항공권 판매수수료 수익을 대체한다는 게 골자다. 2010년부터 TASF 시스템이 가동돼 올해로 7년째로 접어들었지만 정착까지는 여전히 갈 길이 멀다는 평가가 지배적이다.

여행사간 판매경쟁으로 인해, 또는 볼륨인센티브(VI) 기준 충족을 위해 여행사 스스로 TASF 수익을 포기하는 사례가 증가하고, 소비자들의 인식도 낮아 정체국면에서 벗어나지 못하고 있기 때문이다.(여행신문, 2016.1.11. '공공기관부터 적정 TASF 보장해야)

표 3-4 연도별 TASF 부과 추이

구 분	부과건수	부과액	1건당 평균부과액
2010년	743,375건	568억 2648만 원	7만 6189원
2011년	1,072,863건	761억 3670만 원	7만 2057원
2012년	(추정치)1,388,076건	(추정치)687억 6108만 원	(추정치)6만 6827원
2014년	1,487,413건	890억 5444만 원	5만 9872원
2015년	1,531,274건	870억 476만 원	5만 6819원

* 2012년의 경우 상반기 기록(69만 4038건, 343억 8054만 원)을 토대로 연간 실적을 추산했음.

(2) 여행상품 판매수익

여행사 수익의 가장 기본적인 수익원으로 여행상품을 여행객에게 판매하며, 보통 판매원가의 10% 정도의 이익을 붙여 수익을 창출한다. 그러나 최근 관광객들은 온라인과 모바일을 통한 직구매 추세가 늘고 있어 10%의 이익을 붙이는 것은 사실상 불가능하다. 중소형 여행사는 도매여행사의 상품을 대리로 판매하고 판매실적에 따라 추가로 판매수수료를 지급받아 수익을 보존하고 있다.

(3) 숙박·교통·음식점 이용수수료

호텔이나 기타 숙박시설의 예약, 버스·철도승차권·렌터카 등의 교통 이용권의 대리판매와 음식점 등의 이용에 따라 발생되는 수수료이다.

(4) 수속대행 수수료

여행객들이 해외여행을 하기 위해 꼭 필요한 비자 발급을 대행해 주고 해외여행자보험 가입 대행을 해주고 받는 수수료이다.

(5) 선택관광 수수료

선택관광(옵션투어)은 여행객이 관광 목적지에 도착해서 공식적인 기본 일정 이외에 일정 중간이나 일정이 끝난 후의 시간을 이용해 관광객의 자발적인 요청이나 여행사의 권유로 하게 되는 여행으로 추가경비가 발생한다. 여행사는 이 선택관광을 관광객을 대신해 예약해 주고 현지여행사로부터 수수료를 받는다.

(6) 쇼핑수수료

쇼핑수수료는 아웃바운드인 경우 여행사가 관광 목적지의 쇼핑센터와 계약을 맺어 관광객이 해당 쇼핑센터에 입점해서 매출이 발생하면 그에 해당하는 수수료를 받는 것이다. 인바운드인 경우에도 쇼핑수수료는 여행사에게는 매우 중요한 수익원이며, 지나친 쇼핑유도로 외국인 관광객이나 내국인 관광객에게 불편함과 불쾌감을 주어서는 안 된다.

표 3-5 발권수수료 지급항공사

항공사	발권수수료	비고
중화항공(CI)	3%	SOTO 발권 제외
중국동방항공(MU)	0%/7%	TAO,WEH,YNT - 0% PVG/NKG - 7%
말레이시아항공(MH)	3%	총액운임(항공료+유류할증료)에서 Comm 지급
하와이안항공(HA)	7%	하와이 주내선 구간 및 미본토 구간 분리발권 시 0%
필리핀항공(PR)	3%	
중국국제항공(CA)	2%	
산동항공(SC)	2%	
만다린항공(AE)	3%	SOTO 발권 제외
홍콩에어라인(HX)	5%	인천-홍콩구간 AI 코드쉐어
콴타스항공(QF)	1%/5%	호주국내선 및 호뉴구간 - 1% / 국제선 - 5%
에어마카오(NX)	5%	BSP발권, I,R,N,X,E 제외 CLASS
하문항공(MF)	3%/5%	중국국내노선 - 3% / 국제선 - 5%
에어인디아(AI)	5%	GRP 예약제외
심천항공(ZH)	2%/7%	인천/심천 - 2% /인천/서안 - 7%
남아프리카항공사(SA)	7%	
스리랑칸항공(UL)	7%	MJ 코드쉐어 제외
이집트항공(MS)	7%	OZ 구간 스타얼라이언스 마일리지적립
이란항공(IR)	7%	DXB/THR OR PEK/THR
에어칼린(SB)	7%	
에어로멕시코(AM)	9%	
에어뉴질랜드(NZ)	7%	
엘알이스라엘항공(LY)	7%	
제트에어웨이즈(9W)	5%	인도 국내선 Only - 0%

아비앙카항공(AV)	9%	2K 코드쉐어 구간제외
로열브루나이항공(BI)	5%	
케냐항공(KQ)	5%	
에어모리셔서(MK)	7%	
요르단항공(RI)	7%	AMM/AQJ출발 경우 0%

표 3-6   KATA 한국여행업협회발행자료 재구성(발권수수료 지급항공사)

297	CI	CHINA AIRLINES	083	SA	SOUTH AFRICAN AIRWAYS
781	MU	CHINA EASTERN AIRLINES	603	UL	SRILANKAN AIRLINES
232	MH	MALAYSIA AIRLINES	77	MS	EGYPTAIR
173	HA	HAWAIIAN AIRLINES	96	IR	IRAN AIR
079	PR	PHILIPPINE AIRLINES	063	SB	AIR CALIN
999	CA	AIR CHINA	139	AM	AEROMEXICO
324	SC	SHANDONG AIRLINES	086	NZ	AIR NEWZEALAND
297	AE	MANDARIN AIRLINES	114	LY	EL AL ISRAEL AIRLINES
851	HX	HONGKONG AIRLINES	589	9W	JET AIRWAYS
081	QF	QANTAS AIRWAYS	134	AV	AVIANCA
675	NX	AIR MACAU	672	BI	ROYAL BRUNEI AIRLINES
731	MF	XIAMEN AIRLINES	706	KQ	KENYA AIRWAYS
098	AI	AIR INDIA	239	MK	AIR MAURITIUS
479	ZH	SHENZHEN AIRLINES	512	RJ	ROYAL JORDANIAN
695	BR	EVA AIRWAYS CORPORATION	27	AS	ALASKA AIRLINE
555	SU	AEROFLOT RUSSIAN AIRLINES	071	ET	ETHIOPIAN AIRLINES
235	TK	TURKISH AIRLINES	47	TP	TAP PORTUGAL
876	3U	SICHUAN AIRLINES			

자료: KATA 한국여행업협회발행자료

제 4 장
여행상품의 이해

여행상품의 정의

 상품의 사전적 의미는 매매를 목적으로 한 재화(財貨)이고, 현상적 의미는 교환을 통해 얻어지는 모든 것으로, 일반적으로 아이디어·서비스·제품의 3가지 결합물로 기능적·사회적·정신적 효용과 편익을 포함한 유·무형의 결합물이다.

 여행상품은 관광업체가 생산하는 일체의 재화 및 서비스라고 말할 수 있으며, 여행과 관련된 일체의 서비스로서 관광업자가 관광자원을 바탕으로 판매할 것을 전제로 이를 상품화한 것이라고 할 수 있다. 즉, 여행사에서 판매하는 모든 상품 전체를 가리키는 것이다. 또한 여행상품은 수많은 여행소재의 결합에 의해 생산되는데, 여행상품의 정의는 관광관련 기구나 학자에 따라 상이하게 표현하고 있다.

 여행상품은 관광기업이 관광자의 욕구를 유발시키고 충족시켜줄 관광대상을 바탕으로 각종 서비스를 제공하는 유·무형의 상품이라고 하였고(윤대순, 1986), 모든 상품은 유형과 무형의 상대적 비중의 차이가 있으며, 서비스가 핵심요소인 여행상품은 소유권 이전이 안 되는 무형적 요소가 많고, 생산자와 책임분야가 다양한 특징을 지닌 상품이라고 하였다(김천중, 1994). 좀더 협의적인 의미로 여행상품은 여행자들이 이용 가능한 상품으로 숙박·교통·식음료 ·쇼핑 및 기타 상품을 말하고, 단일상품이 아니라 여행의 출발에서부터 도착에 이르는 전 과정을 통해서 소요되는 제반시설과 서비스를 종합적으로 조합한 상품이라고 정의하였다(이선희, 1996). 한국관광공사는 여행상품이란 여행자가 일정한 장소나 목적지에서 관광을 즐기도록 여행업체가 생산해내는 여행코스의 일정으로 정의하였다. 세계관광기구(UNWTO : World Tourism Organization)는 여행상품을 여행목적지, 숙박, 교통수단, 보조서비스 및 관광매력을 결합시킨 것이라고 정의하였다.

이상의 국내학자들의 정의와 관광관련 기구의 정의를 종합해서 보면, 여행상품이란 여행객이 이용하는 상품으로 숙박상품·교통상품·식음료상품·쇼핑상품 및 기타 상품 등이 있고, 여행객이 여행을 출발해서 다시 돌아올 때까지의 전 과정에서 이용하는 관광관련 시설과 서비스를 종합적으로 조합한 상품이라고 정의할 수 있다.

표 4-1 여행상품에 관한 정의

기관/학자	정 의
WTO	여행상품이란 여행목적지, 숙박, 교통시설, 보조서비스, 관광매력을 결합시킨 것
Medlik(1973)	여행자 마음속에 이미지를 포함한 제시설 및 접근성으로 여행의 시작과 전개과정 그리고 목적지에서의 활동을 위한 시설을 중심으로 규정
Wahab(1975)	동적인 부분과 여행목적지에서의 체재하는 정태적인 부분이 입체적인 결합으로 상호보완적 결합체로 인식
Hurke · Barry(1975)	관광에 관련된 제품과 서비스가 결합된 상품
Foster(1993)	제조업에서 생산한 상품과는 달리 잠재고객인 구매자가 직접 이용해보기 전에는 이를 느끼거나 맛볼 수 없고, 견본을 뽑아볼 수도 없는 패키지로 구성. "여행산업의 통합적인 측면 강조"
한국관광공사	여행자가 일정한 장소나 목적지에서 관광을 즐기도록 여행업체가 생산해내는 여행코스의 일정
윤대순(1986)	관광상품의 협의의 개념으로 "여행상품은 관광기업이 관광자의 역구를 유발시키고, 충족시켜 줄 관광대상을 바탕으로 각종 서비스를 제공하는 유·무형의 상품을 말한다".
정찬종(1991)	숙박·교통·음식 기타 여행 관련 시설 등 여행소재의 결합 및 운영시스템의 추가로 부가가치를 창출한 시장거래의 목적
김천중(1994)	모든 상품은 유형과 무형의 상대적 비중의 차이가 있고, 서비스가 핵심요소인 여행상품은 소유권 이전이 안 되는 무형적 요소가 많고, 생산자와 책임분야가 다양한 특징을 지닌 상품
표성수 · 장해숙(1994)	여행의 출발부터 여행종료에 이르는 전 과정에 걸쳐 소요되는 제반 시설과 서비스를 종합, 조합한 유·무형의 복합시스템 상품
이선희(1995)	여행자들이 이용 가능한 상품으로 숙박, 교통, 식음료, 쇼핑, 기타상품을 말하고, 단일상품이 아니라 여행의 출발에서부터 도착에 이르는 전 과정을 통해서 소요되는 제반시설과 서비스를 종합적으로 조합한 상품
이경모(1998)	여행에 필요한 숙박, 교통, 음식 및 관광지 매력 등 제요소의 적절한 혼합을 통해 여행자에게 유·무형의 시설과 서비스를 제공하는 상품

여행상품의 특성

여행상품은 일반적인 상품과 다른 몇 가지 특성을 가지고 있고 유·무형의 요소로 구성되어 있으나 여행상품은 서비스기업인 여행사에서 판매하는 서비스상품으로 인식하고자 한다. 서비스상품으로서의 여행상품의 특성은 무형성, 계절성, 소멸성, 생산과 소비의 동시성, 상품가치의 주관성, 결합성, 모방성 등이다.

1. 무형성

여행상품은 직접 참여하기 전에는 보거나 느끼거나 잡을 수 없고, 유형재와 비교해서 사전에 시험하거나 실험해볼 수 없다. 즉, 여행상품은 여행 전에는 상품의 형태나 견본을 체험이 불가능하기 때문에 여행상품의 구매 시에는 효용가치나 만족도를 알 수 없다. 따라서 여행객이 여행상품의 내용에 대해 간접적으로 경험할 수 있도록 여행사는 홈페이지 구축을 하고 여행상품 팸플릿과 브로슈어 및 여행목적지의 동영상이나 사진을 통해 여행일정에 대해 상세하게 정보를 제공하는 것이 필요하다. 고객은 여행사직원의 설명, 상품 팸플릿과 광고, 여행잡지, 인터넷, 구전정보 등을 통해 여행상품에 대한 정보를 얻고 여행상품 구매결정을 하게 된다. 그러므로 여행상품을 상담하는 직원의 역할이 무엇보다 중요하다.

2. 계절성

　일반적으로 여행상품은 계절에 따라 성수기·비수기로 구분되고, 주중·주말·연휴·방학·명절 등에 따라 수용의 편차가 심하게 나타난다. 성수기에는 여행수요가 증가하고 주중보다는 주말·연휴·방학·명절기간에 여행객이 증가하며, 비수기에는 여행객이 현저히 감소하는 현상이 나타난다. 여행의 수요가 증가하는 성수기에는 항공좌석, 호텔객실, 열차표 등의 예약이 쉽지 않고 반면비수기에는 판매 촉진을 위한 가격할인이나 각종 이벤트를 실시하기도 한다. 따라서 여행상품을 개발할시에는 여행의 수요를 고려해 계절에 따른 수요의 변화에 적극적으로 대응해야 한다.

3. 소멸성

　여행상품은 일정 기간을 정해서 여행관련 소재로 구성되므로 그 자체를 저장할 수 없고, 해당 시기가 경과하면 저절로 상품가치는 소멸되어 재고가 발생하지 않는다. 예를 들면, 여행출발에 이용하는 항공좌석, 여행목적지의 숙박시설, 관광시 교통수단 등은 당일에 판매되지 않으면 판매기회가 상실되어 소멸된다.
　따라서 여행관련 업자들은 이러한 소멸성으로 입는 경제적 손실을 막기 위해 초과예약을 받아 철저하게 예약관리를 하고 있으며, 경제적 손실을 막고 경쟁사로부터 고객을 빼앗기지 않기 위해 사전예약에 대해 가격인하 및 각종 혜택을 제공하기도 한다.

4. 생산과 소비의 동시성

　일반 상품은 생산에서 소비자의 손에 상품을 받기까지 시·공간적인 거리가 분명히 존재하지만, 여행상품은 먼저 판매가 이루어지고 나서 생산과 소비가 같은 장소에서 발생한다. 왜냐하면 고객이 상품을 체험하러 공간적으로 이동하지 않으면 소비가 일어나지 않기 때문이다. 따라서 여러 개의 상품을 동시에 소비할 수도 없다.

5. 상품가치의 주관성

여행상품의 효용가치는 객관적 기준만으로 판단하기 어렵다. 왜냐하면 동일한 여행상품이라도 여행객에 따라서 여행상품의 구성요소 중 어디에 비중을 두는지, 예를 들면 경치나 경관을 보는 것에 비중을 두는지, 아니면 여행목적지에 서의 체험활동에 비중을 두는지는 여행객의 주관에 따라 다르게 나타나기 때문이다. 또한 여행상품은 무형의 상품으로 상품의 가치평가는 최종 소비한 후에 가능해 여행객에게 제공되는 서비스가 상품의 가치평가에 절대적인 영향을 미친다. 따라서 무형의 여행상품은 서비스 제공이 각 개인에 따라 만족도가 서로 다르게 나타나므로 여행 서비스품질을 일관적으로 유지하는 것이 필요하다.

6. 결합성

여행상품은 항공, 숙박, 여행목적지에서의 교통수단, 식사, 관광지, 가이드 등의 결합으로 구성되고, 여기에 여행수속·여행상담·여행안내 등의 제반 서비스가 복합적으로 결합되어 최종적으로 여행객에게 제공된다. 따라서 여행사는 여행소재를 제공하는 여행시설업자의 서비스품질과 일관성을 요구하고, 여행상품의 품질관리에 최선을 다해야 한다.

7. 모방성

여행상품의 내용은 특허 등 지적 재산권에 대한 법률적 보호를 받지 못한다. 따라서 특정 여행사가 신상품을 개발하고 출시해서 활성화가 되면 곧바로 유사한 상품을 모방하여 출시하는 현상은 여행업계에 비일비재하다.

일반적으로 모방한 상품은 원래상품가보다 저렴한 가격으로 판매되어 여행시장에 악순환되어 치열한 가격경쟁으로 이어지곤 한다. 따라서 여행사는 타사의 여행상품과 확연하게 차별화할 수 있는 상품을 기획하고 개발하며 차별화된 인적 서비스를 제공하고 세심한 고객관리에 힘써야 한다.

여행상품의 구성과 유형

1. 여행상품의 구성요소

여행상품을 구성하고 있는 요소를 여행소재라 하고 여행사는 여행소재를 결합하여 여행상품을 기획하고 판매한다. 이 여행상품의 구성요소는 관광객이 여행을 다녀온 후 평가하는 여행상품의 가치·효용 및 상품가격을 결정하는 데 중요한 역할을 한다. 여행상품을 이루는 여행소재로서의 구성요소는 교통수단, 숙박시설, 식사시설, 관광지, 쇼핑, 인솔자 및 가이드, 여행수속 등이다.

1) 교통수단

여행상품의 원가에서 가장 큰 비중을 차지하는 것이 교통수단이고, 교통수단을 결정할 때에는 무엇보다 안전에 우선순위를 두어야 한다. 교통수단에 항공기·선박·기차·버스·승합차·승용차·렌터카 등이 있다.

2) 숙박시설

여행객이 여행목적지에서 이용하게 되는 숙박시설로는 호텔·콘도미니엄·유스호스텔·펜션·민박 등이 있다. 숙박시설은 숙박기간, 위치, 등급, 객실, 식음료, 부대시설의 유무에 따라 요금이 다양하다. 만약 관광객이 숙박시설에 최우선 순위를 두지 않는 경우라면 숙박비용은 여행상품의 원가에서 교통 다음으로 비중이 크다.

3) 식사시설

여행 중의 식사는 인간의 기본적인 생존수단이며, 다른 음식문화를 체험할 수 있는 중요한 매력요소이고, 식사와 같이 제공되는 음료·주류 및 각종 쇼 등을 할 수 있는 시설을 포함한다. 현지 음식에 적응하지 못하는 관광객을 위한 한식과 외국여행에서 다양한 음식문화체험의 기회를 제공하기 위한 현지식을 적절하게 안배하는 지혜가 필요하고, 우리나라는 해외패키지 여행상품에 호텔식·현지식·한식을 적절하게 구성하고 있다.

4) 관광지

여행목적지의 문화·역사·풍습·예술·스포츠 등 다양한 관광자원 및 이용시설은 모두 관광지에 포함된다. 여행객의 여행목적에 맞게 관광지의 관광자원과 이용시설은 편리성과 접근성이 좋아야 한다. 관광객은 관광지의 매력도를 평가하고 이러한 매력도 평가는 여행목적지 선택에 영향을 미치며, 관광지의 특성에 따라 여행객의 관광형태도 바뀐다.

5) 쇼핑

여행의 즐거움을 배가시키는 쇼핑은 여행상품을 구성하는 중요한 요소이다. 여행객이 여행목적지에서 각종 기념품·토산품과 면세점 등에서 다양한 품목의 상품을 구매할 수 있게 적절한 배려가 필요하나 지나친 쇼핑의 강요는 여행불만의 원인이 되고, 기본 일정을 무시한 무리한 쇼핑안내는 여행객으로부터 컴플레인이 되므로 문제가 생기지 않게 유의해야 한다.

6) 인솔자 및 가이드

인솔자 또는 국외여행인솔자라 부르며, 여행객이 여행기간 동안 여행사를 대표하는 사람으로 여행상품의 가치를 좌우한다. 따라서 인솔자의 자질과 역할 및 서비스가 여행상품의 완성도에 영향을 미치는 요소이다. 인솔자는 여행출발부터 동승하여 귀국까지 전체 일정 및 여행목적지에서의 일정과 서비스의 내용을 감독하고 확인하며 여행객의 불편을 해소시킬 뿐 아니라, 여행객에게 여행사의 다른 상품을 판매하고 홍보할 수 있는 중요한 역할을 하고, 가이드는 여행목적지에 도착한 여행객을 위하여 송출한 여행사를 대신해 여행객에게 관광지 안내와 계약된 내용의 서비스를 여행객이 여행목적지 공항을 출발할 때까지 제공한다.

7) 여행수속

여행의 준비부터 공항에서 출입국할 때까지의 제반 수속 서비스를 말한다. 여행수속에는 비자발급·여행자보험가입·출입국수속 등이 있다. 여행수속은 여행사의 신뢰와도 밀접하게 연결되고, 현재 여행사에는 여행상품을 구매한 여행객에게는 여행에 필요한 비자인지대와 여행자보험비의 실비를 청구하고 별도의 수수료를 받지 않고 무료서비스를 제공한다.

2. 여행상품의 유형

1) 여행방향에 따른 분류

(1) 해외여행(OUTBOUND TOUR)

국외여행업과 일반여행업에 등록된 여행사가 내국인을 해외여행지로 여행안내를 하는 것을 말한다.

(2) 국제여행(INBOUND TOUR)

해외에 있는 현지여행사에서 여행상품을 만들고 외국인의 여행목적지를 한국으로 정하는 여행상품으로 일반여행업에 등록한 여행사가 외국인관광객에게 국내여행을 안내하는 것을 말한다.

(3) 국내여행(DOMESTIC TOUR)

국내여행업, 국외여행업(국내여행업을 포함할 수 있음), 일반여행업에 등록된 여행사가 내국인을 대상으로 국내여행지를 안내하는 것을 말한다.

2) 여행규모에 따른 분류

(1) 단체여행(GIT : GROUP INDEPENDENT TOUR)

여행구성원이 10명 이상인 여행으로 여행일정 기간에 단체로 이동을 한다. 개인적으로 참가한 단체여행이라도 현지에서는 단체로 행동하는 경우에는 단체여행이라고 할 수 있고 출발시 인솔자가 없는 경우도 있을 수 있으나 여행목적지에서는 현지 가이드가 안내를 한다. 최근에는 그룹을 형성하는 인원이 점점 작아져 8명도 항공요금을 할인받아 여행상품을 출발시킬 수 있으나 8명을 단체라고 부르지는 않는다. 따라서 여행상품 출발 최소인원에 따라 4명·8명·10명 등 여행상품을 세분화해서 판매하고 있다.

(2) 개인여행/개별여행(FIT : FREE/FOREIGN INDEPENT TOUR)

일반적으로 9인 이하의 여행구성원이 개인의 의사에 따라 여정의 기획하고 현지에서 자유롭게 이동하는 여행으로, 내국인의 개인여행(FREE INDEPENT TOUR), 외국인의 개인여행(FOREIGN INDEPENT TOUR)으로 구분해서 설명할 수 있다.

3) 여행목적에 따른 분류

(1) 관광여행

가장 일반적인 여행의 형태로 자연·역사·문화 등의 관광을 목적으로 한다. 유적지관광·휴양·견학 등 여러 가지 유형이 있다.

(2) 겸목적관광

여행의 주 목적에 부수적으로 관광이 추가된 형태로서 최근 국가 성장동력산업으로 불리는 MICE(Meeting , Incentive, Convention, Exhibition)로 학회나 협회 및 단체에서 개최하는 회의, 인센티브, 각종 박람회와 전시회 등이 있다.

4) 안내조건에 따른 분류

(1) 인솔자 미동반 투어(IIT : Inclusive Indepent Tour)

여행출발시에 인솔자가 동반하지 않고 여행목적지에서 현지가이드가 나와 관광안내를 하는 여행으로, 로컬가이드시스템(Local Guide System)이라고도 한다.

(2) 인솔자 동반 투어(ICT : Inclusive Conducted Tour)

인솔자가 여행출발시부터 여행기간 내내 동반하고 귀국할 때까지 안내하는 여행으로, 단체여행에 적합한 형태이다.

5) 여행형태에 따른 분류

(1) 패키지여행(Package Tour)

주최여행상품으로 여행사가 자체적으로 기획하여 만든 상품, 즉 항공좌석이나 호텔객실 등의 여행소재를 사전에 구입하여 여행목적지·일정·서비스내용·가격 등을 결정하여 고객을 모집하는 형태로서 포괄여행이라고 한다. 단기간에 가급적 저렴한 비용으로 주요 관광지를 방문하는 것이 특징이며, 여행상품의 구성요소를 일부 변경하거나 제외할 수 없이 일괄 구매해야 한다. 관광진흥법에 여행사가 사전에 일정과 운영의 내용 및 방법이 기획·확정되었다는 의미로 기획여행이라 명시하고 있다.

(2) 시리즈여행(Series Tour)

동일한 형태·목적·기간·항공·일정 등으로 정기적으로 실시하는 여행으로, 기업에서 실시하는 포상여행(보상여행)으로 불리는 인센티브 여행과 성지순례 등의 행사가 여기에 해당된다.

(3) 크루즈여행(Cruise Tour)

선박을 이용하여 항해를 하면서 기항지에서 하선하여 기항지 투어를 하고 숙박은 선박에서 하는 형태로서 주로 선박이 출발하는 모항까지 항공으로 이동한다. 과거에는 주로 장기간의 호화롭고 고가상품으로 인식하고 실버여행의 이미지가 강했으나 최근에는 상품을 다양화해서 중·단기간의 여행과 가족단위여행이 있으며, 참가연령도 점점 낮아지고 있어 제2의 크루즈 르네상스 시대가 예상된다.

(4) 컨벤션 투어(Convention Tour)

국제회의, 전시회, 각종 산업박람회 같은 회의에 참가하는 협회나 단체에 판매하기 위한 여행이다. 회의 전·후·중간에 하는 여행으로 나누고 여행에 동반한 가족과 같이 여행도 할 수 있으며, 여행객의 일정에 따라 상품도 다양하게 구성하고 있다. 정부에서 성장동력산업과 고부가가치산업으로 인정하고 있으며, 이 분야에 전문가 양성이 절실히 요구된다.

(5) 전세여행(Charter Tour)

관광수요의 증가예상으로 성수기 예약에 어려움을 해소하기 위해 규모가 큰 도매여행사나 대형 여행사의 경우 여행상품의 구성요소 중 일부(항공 혹은 선박)를 전세 내어 실시하고, 대규모 자본과 모객능력이 확실해야 실패 및 경제적 손실을 줄일 수 있다.

(6) 인센티브여행(Incentive Tour)

기업체·기관 등의 단체에서 판매실적 혹은 업무실적이 우수한 직원에 대해 포상 혹은 보상의 수단으로 제공하는 여행으로, 여행욕구를 자극하여 목표달성을 위한 동기부여수단으로 사용되기도 한다. 또한 여행업계에서 인센티브여행은 두 가지 의미로 사용되고 있는데, 첫번째 의미로는 인센티브여행 본연의 뜻으로 포상·보상여행으로 사용하기도 하고 두번째 의미로는 패키지여행이 아닌 단체를 총칭하여 사용하고 있다.

(7) 팸투어(Familiarization Tour)

시찰초대여행으로 여행업에서는 팸투어로 사용하고 있으며, 관광촉진, 판매촉진, 방문객 증대, 호의적 보도 등을 목적으로 관광청·항공사·지차체 등이 여행업자나 언론관계자 등을 초청하는 무료 관광일정으로 관광지·관광시설 등을 시찰시키는 여행으로 사전답사나 견학 성격의 여행상품이다.

제 5 장
여행상품의 기획

여행상품의 기획

여행상품 기획은 기존의 여행상품의 개량이나 새로운 여행상품 개발 등에 대한 과정을 모색하는 일로서 시장점유율의 증대와 매출액 증가 및 기업의 성장도모에 기여할 수 있어 매우 중요하다.

항상 새로운 것을 찾는 고객의 다양한 욕구와 ICT의 지속적 발전 및 모바일을 통한 손쉬운 정보수집 등 최근의 여행시장의 변화에 적응하기 위해서 여행사는 지속적인 기업의 성장과 안정적인 고객의 확보를 위해 여행객의 입장에서 여행객의 구매동기 및 구매습관 등에 대한 지속적인 관찰과 조사를 통해 끊임없이 여행상품 기획을 위해 노력해야 한다.

1. 여행상품 기획의 중요성

1) 여행시장의 변화에 대응

여행객들의 생활수준의 향상, 삶의 가치 인식 및 욕구의 변화는 물론, 인터넷의 발달과 모바일환경의 급격한 변화로 인해 다양해진 유통채널, 전자항공권 발행(E-Ticketing)과 항공권 수수료정책의 변화 및 여행업 규제완화 등 여행시장의 변화에 유연하게 대응할 수 있다.

2) 치열한 생존경쟁

예측 불가능한 국내외 경제상황의 변화와 여행사간의 여행상품 판매가격 경쟁 및 광고·홍보의 과다지출 등 치열한 경쟁상황에서 새로운 아이디어 개발 및 여행객의 욕구가 반영된 여행상품의 기획은 여행사의 생존에 필수적이다.

3) 수익증대

무형성의 특성을 가진 여행상품은 경쟁 여행사가 쉽게 모방 가능하므로 차별화된 여행상품의 기획과 지속적인 상품개발은 여행사의 목표이익을 달성하고 여행사의 지속적인 성장 및 장가적인 수익확보를 가능하게 할 수 있다.

2. 여행상품 기획시 검토사항

1) 여행객의 편익

기존의 여행상품을 개량하거나 신여행상품을 개발할 경우에는 반드시 여행객의 입장에서 여행객이 필요로 하는 것을 우선적으로 고려하고 여행객의 욕구가 반영된 여행상품을 개발하는 것이 중요하다.

2) 기업여건

현재 근무하고 있는 직원들만으로 새로운 상품을 개발하고 판매할 수 있는 능력이 되는지 파악하고, 급변하는 여행시장의 환경에 적응할 수 있는 대처방안과 새로운 시스템의 도입 등도 고려해봐야 한다.

3) 차별성

무형의 여행상품은 경쟁사에서 쉽게 모방이 가능해 자사만의 경쟁력을 갖춘 여행상품을 기획하고 개발하는 것은 쉬운 일이 아니다. 경쟁사의 여행상품과 비교해서 가격 이외의 상품에 대한 차별성과 비교우위에 있는 상품을 기획해야 관광객의 구매유도로 연결되고, 여행사의 수익확보와 지속적인 성장에 기여할 수 있다.

4) 시즌별 전략

성수기·비수기 및 특정 요일에 집중되지 않으면서 꾸준하게 여행객의 관광수요를 창출할 수 있는 여행상품의 기획이 필요하다. 즉, 시즌이나 계절에 영향을 받지 않는 연중상품으로 기획하되, 판매대상에 대한 세분화 및 여행객의 욕구파악을 지속적으로 해서 연중판매가 가능하도록 상품을 기획해야 한다.

5) 판매채널의 다양화

여행사에서 판매하고 있는 패키지상품의 판매채널은 점점 다양해지고 있다. 최근에는 ICT의 발달과 모바일을 통한 정보검색으로 여행상품의 구성 중 일부만을 구매하는 단품상품 고객이 뚜렷하게 증가하고 있는 추세이고, 온라인과 오프라인을 넘나드는 크로스 판매가 이뤄지고 있다. 또한 여행사는 SNS를 활용해서 여행상품 기획에 대한 아이디어와 트렌드도 확인할 수 있으므로 여행상품의 판매채널을 다양화하는 것이 좋다.

6) 합리적 상품가격의 설정과 여행사 수익 보존

자사상품의 차별화방법으로 저렴한 가격 이외에 다각도로 고객이 차별성을 느낄수 있는 비교우위를 가질 수 있는 아이템을 찾아서 기획해야 한다. 또한 합리적인상품가격이란 무조건 타사 대비 저렴한 것이 아니라 상품의 구성과 내용 대비 상품가격을 비교해서 고객이 싸다고 느낄 수 있는 가격을 말한다. 여행상품의 가치는 높이면서 여행사의 수익 및 여행관련 업자들의 수익도 보장해 주어야 여행업계가 건전하게 선순환될 수 있다.

여행상품의 개발

1. 여행상품 개발시 고려사항

여행상품 개발시에는 시대변화에 따른 여행객의 기호변화에 부응해야 하며, 사전에 검토내용을 확인한 후 여행상품을 상품화하는 과정으로 이어져야 할 것이다. 사전 검토사항으로는 시장성·영속성·기업여건·장래성이 있다.

그림 5-1   여행상품 개발 시 고려사항

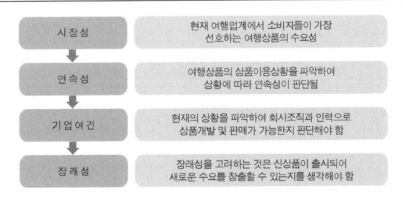

시장성 — 현재 여행업계에서 소비자들이 가장 선호하는 여행상품의 수요성

연속성 — 여행상품의 상품이용상황을 파악하여 상황에 따라 연속성이 판단됨

기업여건 — 현재의 상황을 파악하여 회사조직과 인력으로 상품개발 및 판매가 가능한지 판단해야 함

장래성 — 장래성을 고려하는 것은 신상품이 출시되어 새로운 수요를 창출할 수 있는지를 생각해야 함

2. 여행상품의 개발과정

1) 기본일정 설정

여행상품의 기본이 되는 일정을 설정하는 것이고, 어느 관광지를 방문할 것인지, 어느 항공사의 항공기를 이용할 것인지, 어느 지역의 숙박시설을 이용할 것인지 등에 따라 비용이 달라진다.

2) 항공사 선정

여행목적지 구간까지 직접 이동하는 항공기를 이용하는 것과 도중에 다른 국가나 도시를 경유하는 항공기를 이용하는 것 중 어느 것이 유리할지 판단해야 한다. 또한 상품기획의도에 따라 상품 위주로 선정할 것인지, 아니면 편리함 추구를 위주로 구성할 것인지에 대해 결정해야 한다.

3) 항공료 협상(네고)

여행상품을 판매하려고 하는 여행사가 선정한 항공사의 탑승실적과 상품의 판매예상 송출실적에 따라 항공료의 협상이 달라진다. 항공료의 협상은 타사와 동일한 일정과 서비스를 판매하는 상품이라 할지라도 차별성을 지녀 비교우위를 가질 수 있는 부분으로 여행상품가의 결정에 중요한 부분이다.

4) 서비스내용 확정

여행상품의 일정과 내용을 확정할 때에는 가급적 여러 사람의 의견과 인솔자 보고서 및 현지여행사의 추천을 받는 것이 유리하다.

5) 지상비 협상(네고)

동일한 일정의 여행상품일지라도 상품의 서비스내용에 따라 지상비에 포함된 서비스내용이 달라지고, 이에 따라 지상비 가격이 결정된다. 현지여행사에 대한 최적의 지상비 가격협상은 경쟁력 있는 상품을 구성하는 데 중요한 요인이 된다.

6) 판매가 결정

여행상품의 구성요소별로 산출된 비용을 근거로 경쟁업체와 가격 및 여행상품의 서비스내용을 비교하여 여행상품의 판매가를 결정한다.

여행상품의 판매방법

급변하는 여행시장의 환경에 적응하고 점점 다양해지고 있는 여행객의 욕구를 반영한 여행상품을 기획해서 개발한 여행상품의 판매방법은 여행사에서 유연하고 탄력적으로 환경에 대응하는 자세가 필요하다.

여행객이 여행사에 직접방문하게 하여 상담과정을 통해 판매하거나, 전화나 이메일문의, 홈페이지 접속을 통한 단순한 잠재 여행객에게 구매를 유도하기 위해서는 그들이 원하는 자료와 욕구가 무엇인지 파악하는 것이 중요하다. 그 다음으로는 잠재여행객과의 밀착도를 높이고 판매 수단과 채널을 다양화해서 보다 많은 잠재여행객의 수요를 창출해내야 한다.

1. 인적 판매

인적 판매는 판매원이 고객과 대면하여 직접 판매하는 방식으로 판매효과가 좋고, 여행사규모와 관계없이 중요한 판매방법 중의 하나이다. 특히 중소규모의 여행사는 회사의 존폐에 영향을 미칠 정도로 여행상품의 판매방법에서 인적 판매가 차지하는 비중이 높은 편이다. 인적 판매의 장점은 판매원과 고객이 직접적으로 상호교류를 통해 의사소통이 가능해 즉각적인 피드백이 이루어지고, 의사소통에 걸리는 시간이 빠르며, 융통성을 발휘하기 쉽다는 것이다.

반면 단점은 유능한 소통능력과 전문지식을 갖춘 판매직원을 양성하는 데 시간과 비용이 많이 들고, 잘 양성된 판매직원의 독립 혹은 타 여행사로의 이직은 여행업에서 인력관리를 하는데 있어 가장 큰 문제이기도 하다.

2. 미디어판매

미디어판매는 미디어매체를 이용하여 자사의 여행상품을 판매하는 비인적 판매방법으로 불특정 다수에게 여행상품을 홍보해 판매를 확대해 나가는 방법이다. 사용매체는 대중매체로 알려진 TV · 방송 · 잡지와 각종 카탈로그에 의한 인쇄물과 광고가 있고, 이는 고객에게 가장 빠른 시일 내에 여행상품과 여행사를 홍보할 수 있는 가장 효과적인 방법이다. 최근에 가장 많이 사용하는 미디어매체는 단연코 인터넷으로, 온라인에 기반을 두고 PC와 모바일을 이용해 여행상품을 판매해 여행사들이 가장 많이 사용하는 일반적인 방법이다.

3. 대리점을 통한 판매

홀세일러인 도매여행사가 여행상품을 기획하여 대리점여행사에 판매하면 직접 고객에게 영업을 하여 도매여행사에 송객과 여행대금을 보내고 여행상품 판매에 대한 수수료를 지급하는 방식이다. 도매여행사 외에 직접 판매를 하고 있는 대형 여행사들은 지점을 통해 자사의 여행상품을 판매하기도 하고 대형 여행사의 상품을 전문적으로 판매하는 대리점을 운영하여 도매여행사처럼 수수료를 지급하는 방식으로 여행상품을 판매하고 있다.

4. 여행사 카운터판매

전통적인 방법으로 여행사에 직접 찾아오는 고객에게 카운터에서 여행상품에 대한 상담을 통해 항공권의 예약과 발권 및 여행상품을 예약하고 판매하는 방법이다. 온라인과 모바일을 통한 여행상품의 예약과 판매가 점점 늘고 있어 여행사에서는 상담 카운터를 줄이고 여행사의 위치선정도 과거에 비해 탈도시형으로 바뀌고 있으나 최근에는 여행경험이 많고 여행상품의 구매력이 높은 연령대의 여행사 방문 상담이 꾸준하게 이어져 대형 여행사에서는 상담카운터를 유지하고 있다. 여행사는 오프라인매장을 축소하여 비용을 줄이고 온라인상의 영업비중을 늘리고 있는 추세이지만 여행사가 판매하는 무형의 여행상품 특성과 전통적인 서비스산업의 고객접점의 중요성은 아무리 강조해도 무리가 아닌 것이다.

여행상품과 광고

1. 여행상품광고의 의의

여행업에 대한 판촉은 여행상품의 특성을 고려한 시점에서 이루어져야 한다. 이는 여행 서비스가 무형적이면서 저장이 불가능하고, 생산과 소비가 동시에 이루어지는 특징을 반영하여야 함을 의미한다. 즉 과다한 수요량에 따른 완충기능을 가진 재고가 불가능하므로 서비스의 공급능력에 맞추어 판촉활동 수행인원을 확보해 판촉조직을 정비하고, 판촉예산정책에 적극성과 탄력성을 가져야 하며, 이용매체의 선택 및 효율성을 제고할 수 있는 연구 및 판촉효과평가에 대한 연구를 추진할 필요가 있다.

여행사는 자사의 여행상품을 판매하는 광고를 할 때 여행상품의 특성인 모방성으로 여행목적지와 여행가격 그리고 상품내용이 유사한 여행상품들이 많아 고객은 기업 이미지가 좋은 여행사에서 판매하는 가격대비 상품내용의 서비스내용을 살펴보고 선택하게 될 것이라는 것은 잊어서는 안 된다. 최근 유행하고 있는 SNS를 통한 여행상품의 광고와 방송을 활용한 PPL 이용 및 홈쇼핑광고는 타사에서 하고 있는 여행상품의 판매통로나 광고방법으로 따라하는 것은 무리가 있다.

따라서 여행사는 여행상품을 판매하고 광고할 때는 '어떤 매체를 통해 몇 번이나 광고를 낼 것인가'라는 발상에서부터 '어떤 효과가 기대되는 광고를 할 것인가 혹은 광고로 인한 직접적인 영업이익은 얼마나 되나'라는 식으로 발상을 전환하고 무조건적으로 따라 하는 것은 지양해야 한다.

2. 여행상품광고의 종류와 특성

광고상품이 특정한 광고목표를 달성하기 위하여 투입되는 가장 중요한 요인으로 광고 주체 및 내용, 광고매체 믹스, 그리고 광고의 양과 스케줄 등 세 가지를 들 수 있다. 이 중에서 광고매체 믹스는 전달하고자 하는 광고 주제 및 내용을 표적이 되는 소비자에게 전달하는 매개수단을 어떻게 구성하는가에 관한 것이다.

바일바처(Weilbacher)는 효과적인 광고매체전략을 수립하는 데 신중하게 고려할 사항으로 다음의 다섯 가지를 들고 있다.

첫째, 광고가 도달해야 할 소비자가 누구인지를 결정하고 이들을 깊이 이해하며, 이들에게 광고가 도달할 수 있도록 매체계획을 수립하여야 한다.

둘째, 결정한 표적소비자에게 광고가 어느 정도 넓게 깊게 도달하여야 하는지를 결정하여야 한다. 여기서 넓이란 광고에 노출되는 소비자의 수를 뜻하며, 깊이는 한 소비자당 광고가 노출되는 평균빈도를 의미하는 것이다.

셋째, 계절에 따라, 지역에 따라 소비자의 노출 정도가 어떻게 달라져야 할지를 고려하여야 한다.

넷째, 광고매체의 역할을 분명하게 결정하여야 한다. 흔히 광고매체는 광고내용을 매개로 하는 수단이 될 뿐만 아니라, 광고내용의 일부로서 어떤 메시지를 상징하기도 한다.

다섯째, 광고매체의 선택권을 광고문안 작성자에게 줄 것인지, 광고매체담당자에게 주어야 할 것인지를 고려하여야 한다.

<표 5-1>은 광고매체의 청중선별력 정도와 광고가 다른 정보를 전달하는 맥락 속에 삽입되었는지 여부에 따라 광고매체를 분류한 것이다.

이러한 주요 매체를 포함하여 여행상품광고에 이용할 수 있는 광고매체를 들면 여행업의 특성 중의 하나인 점두광고 혹은 여행사 방문고객을 대상으로 하는 옥내광고의 하나인 카운터광고(점두광고 혹은 점포광고)를 들 수 있다. 이러한 옥내광고의 필요성은 여행상품의 무형성의 특징으로 목적지나 목적지에 이르기까지의 서비스의 수준을 첨가·설명해야만 고객이 그 상품을 판단할 수 있기 때문이다.

표 5-1 소비자 선별능력과 정보전달맥락에 의한 매체의 분류

구 분	다른 정보의 맥락	광고정보만 전달
대중을 상대로	TV 라디오 신문 대중잡지	대형 간판 차량 내 또는 외부 설치의 광고물 대량 우편광고
특정 표적선별	유선 TV 지방방송 지역신문, 대학신문 협회잡지, 전문분야 잡지	개인특성을 반영한 우편물 전단 극장 내 영화상영 전후광고

<표 5-2>는 주요 광고매체의 장·단점을 개괄적으로 정리한 것이다. 신문·잡지·전단 등의 인쇄광고는 소비자가 높은 관심을 가지고 의도적으로 광고를 읽기 전에는 광고의 효과가 나타나기 어렵다는 점에서 고관여(high involvement) 광고매체라 할 수 있는 반면, TV와 라디오 등 방송매체는 소비자가 관심을 기울이지 않아도 광고에 강제로 노출될 수 있다는 점에서 저관여(low involvement) 광고매체가 될 수 있는 특징이 있다. 옥외광고도 소비자가 강제로 노출될 수 있는 측면에서는 저관여매체라고 볼 수 있지만, 이미 잘 알고 있는 상표의 기억을 자극하는 기능이 아니라 새로운 정보를 알리는 효과를 기대할 때는 광고가 표적고객에게 집중적으로 노출될 수 있는가의 매체선별성이 특히 중요한 고려요인이 된다.

표 5-2 주요 광고매체의 장·단점

광고 매체	장 점	단 점
신문	• 값에 비하여 광범한 노출이 가능함. • 크기·색·시기·표적 등에 융통성 • 관심독자가 자발적으로 노출됨. • 총광고비용이 비교적 저렴함. • 장문의 광고문안이 전달될 수 있음.	• 대부분 광고가 읽히지 않고 지나감. • 특히 젊은 계층은 무관심함. • 독자 수에 비하여 값의 상승이 빠른 편 • 표적의 선발능력이 비교적 낮음.

TV	• 창의성을 많이 발휘할 수 있음. • 색상·시기·방법·표적에 융통성 • 매우 많은 청중에게 노출될 수 있음. • 광고의 반복이 매우 용이함. • 물건 및 사용방법을 직접 보여 줌.	• 짧은 순간에 광고를 전달해야 함. • 광고비의 부담이 매우 큼. • 수많은 광고 사이에 삽입됨. • 반복이 없으면 쉽게 잊혀짐. • VTR, 유선 TV 등 장애요인의 등장 및 발전·보급
라디오	• 표적소비자의 선별능력이 강함. • 광고제작집행이 신속함. • 청소년, 출퇴근직장인, 운전기사 등 특정 계층에 유리함. • 구매하러 가는 도중에 광고노출가능 • 이미지 상상을 유도할 수 있음.	• 주목률이 낮음. • 특정 방송에 대한 청중수는 비교적 적은 경우가 대부분
잡지	• 표적소비자의 선별 능력이 강함. • 잡지의 수명이 비교적 장기간 • 경우에 따라 품위 있는 이미지 제공가능	• 도달되는 청중 1인당 비용이 큼. • 기획에서 노출까지 장기간 소요 • 경우에 따라 소비자가 지나치게 세분화되어 있을 수 있음.
직접 반응 매체	• 표적소비자 본인에게 직접 도달 • 시기선정에 융통성 • 효과를 측정하기가 용이함. • 다양한 광고내용의 전달방법을 활용할 수 있음.	• 높은 비용 • 잠재고객명단의 관리 및 유지비용 • 직접우편광고, 전단광고, 전화광고 등의 이미지가 현재 다소 부정적임. • 대부분 극히 짧은 메시지만 전달가능
옥외 광고	• 광범한 소비자 계층에 낮은 비용으로 노출됨. • 기억을 강화하는 수단 • 색·빛 등을 활용 가능	• 효과의 측정이 대단히 어려움. • 부정적인 이미지를 줄 수 있음.

3. 여행사의 홍보

여행사의 홍보활동은 후원자로서 발행하는 상품이나 서비스 또는 아이디어에 관한 뉴스나 정보가 매체에 실리는 것을 말하며, 신문·잡지·라디오·텔레비전의 편집자들에게 뉴스로 실릴 수 있는 정보가치가 있어야 한다.

① 문화계·종교계·언론계·여행업계의 인사를 초빙하여 심포지엄을 개최한다.

② 교육기관에 장학제도를 운영하여 그 계획과 장학제도의 내용을 매체를 통하여 기사화한다.

③ 항공회사와 협조하여 저명한 작가나 화가 그리고 저널리스트 등을 여행시켜
   주고 여행체험기를 잡지나 신문에 게재하도록 하여 항공사와 여행사가 공히
   대중관계에 좋은 이미지를 형성하도록 한다.
④ 관광산업의 건전한 발전을 위한 여행업체의 노력
⑤ 불우이웃돕기 등 소외계층에 대한 사회적 관심과 분위기에 적극 참여
⑥ 새로운 상품의 기사화
⑦ 환경보호 등 공익사업에 참여
⑧ 지역사회활동에 참여

4. 사이버광고

1) 사이버광고의 효과

일반적인 마케팅활동은 기업의 정보를 알리고 상기시키며, 설득하는 기능을 갖고
있다. 그런데 전통적인 마케팅활동은 단순하고 획일화된 내용으로 소극적 수단으로
인식되고 있다. 이러한 전통적인 마케팅활동은 제품이나 상품의 차별화를 통해서 소
비자에게 접근하는 설득의 기능에 한계를 갖고 있다. 그러나 사이버광고는 다양한
고객에 대응하는 다양한 정보를 제공하는 기능으로 적극적 마케팅의 수단으로 인식
되고 있다. 따라서 인터넷은 상업매체로서 중요한 마케팅활동을 수행하여 소비자와
기업 모두에게 마케팅의 효과를 올려주고 있다. 이러한 사이버광고의 효과를 소비자
와 기업의 측면에서 분석하면 <표 5-3>과 같다.
<표 5-3>과 같이 소비자에게 제공되는 이익으로는 인터넷 정보검색으로 소비자
가 필요한 다양한 정보를 풍부하게 얻을 수 있으며, 자유로운 의사결정으로 조용하게
간단히 상품을 구매하는 장점이 있다. 또한 많은 공급업체들이 인터넷이라는 가상공
간에서 완전경쟁시장을 형성하게 되어 경쟁으로 인하여 구매비용이 낮아져 저렴하게
상품을 구매할 수가 있다. 인터넷의 최고의 장점 중에 하나는 지역적으로 멀리 떨어
져 있는 지역이나 신속한 시간이 필요한 구매활동의 경우 시간과 공간을 초월하여
구매활동을 전개할 수가 있다는 점이다.
기업에게 제공되는 장점으로는 유통비용의 절감을 들 수가 있는데, 제품이 가상공

간에서 전시되고 유통시킬 수가 있기 때문에 중간상이 존재할 필요가 없는 동시에, 구매자와 판매자가 직접 접촉할 수가 있기 때문에 전통적 거래에서 부과되는 마케팅비용이나 제약이 제거될 수가 있다. 또한 인터넷을 통해서 발생하는 정보탐색과 구매행동에서 드러나는 고객의 선호도를 근거로 소비자행동을 모니터할 수 있는 기회를 가질 수 있어 빠른 고객관리와 효율적인 고객관리를 할 수 있는 효과를 얻을 수가 있다. 또한 전통적인 마케팅활동에서 실현하기 어려웠던 상호작용적 특성은 소비자들의 요구와 비판을 적시적으로 수용하여 반영할 수가 있다.

인터넷은 가격중심적 경쟁이 아니라 전문화중심으로 경쟁할 수 있는 기회를 제공하고 있는 점에서 새로운 경쟁의 기회를 제공하고 있으며, 기업운영에 대한 오류를 줄이고 공급자의 비용을 줄일 수가 있어 효율적인 기업운영의 기회를 제공하고 있다.

표 5-3 사이버광고의 효과

여 행 자	여 행 업 자
• 풍부한 여행정보 획득 • 자유로운 의사결정 • 저렴한 구입가격 • 시간과 공간의 초월	• 유통비용의 절감 • 빠른 고객정보 • 효율적인 고객관리 • 고객으로부터의 의견수렴 • 새로운 경쟁기회의 제공 • 효율적인 기업운영

2) 사이버광고의 문제점

사이버광고가 미래의 효과적인 마케팅기법으로 확고하게 자리하기 위해서는 다음과 같은 문제들이 우선적으로 해결되어야 한다.

① 느린 속도는 여행자로 하여금 온라인 마케팅을 이용하려는 동기를 저하시키는 요인으로 작용하고 있다.

② 제한된 상품의 소개에서 야기되는 문제는 현장에서 상품을 직접 상담하면서 구매하려는 고객에게는 다양한 상품에 접근할 수 있는 기회를 얻지 못하는 문제를 제기하고 있다.

③ 신뢰성의 문제에서는 여행자가 원하는 상품이나 서비스를 직접 확인하지 않고

도 구매할 수 있을 정도의 신뢰성과 신용을 확보하여야 하는 문제를 제기하고
있다.

④ 인터넷을 통한 지불방식의 안전성과 개인신상정보의 보안성이 해결되어야 하
는 문제를 해결하기 위한 전자상거래상의 보안성이 확보되어야 한다.

⑤ 사이버광고 문제에서 향후 큰 문제의 하나는 제한된 정보의 한계를 극복하고,
고학력·고소득층으로 편중된 소비자의 한계를 극복해야 한다는 과제를 안고
있다.

제2편
여행업 실무

제6장 여행일정표와 원가계산업무
제7장 수배업무
제8장 항공업무
제9장 수속업무
제10장 국외여행인솔업무

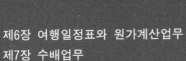

제 6 장
여행일정표와 원가계산업무

여행일정표 작성업무

여행사는 무형의 여행상품을 유형의 상품으로 구체화 시켜 고객에게 여행일정표를 제시한다. 여행일정표(Itinerary)란 여행상품의 구성내용을 한 눈에 보기 좋게 작성한 표를 말하고, 여행사의 이미지와 직결되며, 고객이 여행상품을 구매할 때 가격과 함께 먼저 비교하는 대상이므로 여행상품을 선택할 때 중요한 자료가 된다. 따라서 여행사는 여행일정표를 통해 고객에게 여행에 대한 기대를 불러일으키고 여행의 가치와 의미를 부여해야 하고, 고객의 신뢰를 확보함으로써 여행상품의 판매력을 제고시킬 수 있어 여행일정표 작성은 여행업무 가운데 가장 중요한 업무 중에 하나이다. 여행의 일정작성시에는 여행객의 여행목적, 여행기간과 시기, 여행경비, 여행경험 유무 등을 고려하여 여행객의 입장에서 성실하게 작성하여야 한다.

1. 여행일정표 작성을 위한 기본 사항

1) 여행목적

여행목적은 여행지 선정에 중요한 요소로 작용해 상담시 반드시 제일 먼저 확인해야 할 사항이다. 여행의 목적은 순수관광, 연수참가와 상용, 친지 방문, 허니문, 효도관광, 종교관광 등 다양하다. 이처럼 다양한 여행의 목적에 맞게 여행객이 요구하는 여행목적지에 대한 정보와 지식·경험을 바탕으로 여행객에게 상담을 하고 여행목적에 적합한 목적지를 추천해야 여행객의 신뢰를 얻을 수 있다.

2) 여행 기간과 시기

여행 기간과 시기는 여행일정 안배와 여행경비를 산출하는 데 중요한 요소가 된다. 왜냐하면 여행시기가 성수기인지 또는 비수기인지에 따라 항공요금과 숙박요금이 달라지고 어느 시기에 얼마 동안 여행을 하느냐에 따라서 여행일정을 안배하기 때문이다.

3) 여행경비

여행경비는 여행목적지, 여행 시기와 기간, 여행조건에 따라 다양하게 산출될 수 있기 때문에 여행객의 예산규모를 정확하게 파악하여야 한다. 따라서 경쟁력 있는 여행경비를 산출해야 여행객의 선택을 받을 수 있다.

4) 여행경험유무

여행객의 여행경험에 따라 여행목적지 선정, 여행내용, 여행형태 등이 달라지므로 여행객의 여행경험 유무를 잘 파악하고 상담시 꼼꼼하게 여행객의 요구와 선호도를 고려해 여행일정표를 작성해야 한다.

2. 여행일정표 작성시 고려사항

① 여행목적에 맞는 여행일정을 안배한다.
② 여행객이 희망하는 출·도착시간을 확인해야 한다.
③ 여행 중 다양한 교통수단을 이용할시에 가능한 한 여행객이 선호하는 교통수단을 선정한다.
④ 항공의 연결과 환승이 있는 일정의 경우 시간을 여유 있게 안배한다.
⑤ 전체 여행의 일정에 맞되 여행객의 의견을 수렴해서 호텔을 선정한다.
⑥ 식사배정은 여행일정에 맞으면서 여행객의 성향과 여행경험을 바탕으로 호텔식, 현지식, 한식 등 다양하게 안배한다.

⑦ 전체 일정과 여행조건을 고려해서 하루의 일정배정은 여행객의 편리와 안전을 위주로 무리하지 않게 안배한다.

⑧ 적절한 쇼핑시간과 사진촬영시간을 할애한다.

⑨ 여행목적지의 관광지 휴관일자를 미리 확인한다.

⑩ 기상조건과 현지사정에 의한 불가피한 여정변경에 대비해 대안을 마련한다.

3. 여행일정표의 작성

여행일정의 구성요소에는 여행상품명, 여행 지역, 숙박시설, 교통수단, 식사, 세부일정, 주의사항과 연락처 등이 있다.

① **여행상품명** : 상품의 특성이 잘 나타나게 여행 지역과 기간을 병기한다. 기획여행상품을 판매하는 대형 여행사나 홀세일러인 도매여행사는 판매하는 여행상품이 많아 각 사마다 별도의 상품코드를 만들어 사용하고 있고, 중소규모의 일반여행사에서는 일반적으로 단체명과 여행지역·여행기간을 병기한다.

② **여행지역** : 출발 당일의 공항 내 집결장소 및 항공출발시간을 기재한 후 전체일정을 일자별로 일정에 따라 순서대로 기재한다.

③ **숙박시설** : 호텔의 이름과 등급, 전화번호, 호텔의 주소 등을 기재하고, 호텔 이외의 숙박장소는 기내 또는 기차·선박 내 등으로 기재한다.

④ **교통수단** : 여행출발 당일 이용하는 항공편과 여행목적지에서 이용하는 교통편(현지 국내선·선박·기차·버스 등)을 기재한다.

⑤ **식사** : 식사 포함의 유무와 식사의 종류 및 메뉴를 세부적으로 기재한다.

⑥ **세부일정** : 전체 일정은 기본일정과 선택관광 및 쇼핑정보를 세부적으로 기재한다.

⑦ **주의사항과 연락처** : 현지사정과 천재지변 등의 여행조건 변화에 따라 여행일정이 변경될 가능성에 대비해 여행일정표는 반드시 변경가능성을 표기해야 한다. 또한 여행목적지에서의 여행시 주의사항과 방문지역의 특성에 따른 사전주의사항을 안내하고 일정에 안배된 목적지별 긴급연락처 등을 기재해 여행객에게 정보를 제공한다.

표 6-1 여행일정표(예)

일자	지역	교통편	시간	일 정	식	사
제1일 11/12 수	인 천		14:40	인천국제공항 카운터 앞 모임	중식	X
		KE 651	17:15	인천국제공항 출발	석식	기내식
	방 콕	전용차량	21:05	방콕국제공항 도착. 입국수속 후 수하물 수취		
				한국 가이드 미팅 후 호텔로 이동 후 호텔 휴식		
				HOTEL : MONTIEN RIVERSIDE HOTEL CLASS		
제2일 11/13 목	방 콕	전용차량	전일	호텔 조식 후 시내관광	조식	호텔식
				왕궁, 에메랄드사원, 수상가옥 등	중식	한 식
				(*왕궁 입장시 뒷끈없는 신발, 민소매옷은 입장 불가)	석식	BS수끼
	파타야			중식 후 전용차량으로 파타야로 이동(2시간 30분 소요)		
				전통안마 체험(2시간. 팁 불포함)		
				알카자쇼 관람 후 석식		
				호텔 휴식		
				HOTEL : SAISAWAN BEACH RESORT CLASS / WANIDA VILLA		
제3일 11/14 금	파타야	전용차량	전일	호텔 조식 후 스피드보트를 타고 산호섬으로 이동	조식	호텔식
				해변 자유시간 및 해양스포츠 옵션	중식	한 식
				파타야 귀환 후 중식. 간단한 휴식	석식	시푸드
				농눅빌리지 민속촌 관광 및 코끼리트레킹 체험		
				전통안마 체험(2시간. 팁 불포함) / 호텔로 이동 후 휴식		
				HOTEL : SAISAWAN BEACH RESORT CLASS / WANIDA VILLA		
제4일 11/15 토	파타야	전용차량	전일	호텔 조식 후 호텔 체크아웃	조식	호텔식
				악어농장으로 이동(악어쇼 관람 등)	중식	한 식
				파인애플 시식 후 방콕으로 귀환	석식	일식뷔페
				시내관광 후 쇼핑센타 방문		
				석식 후 공항으로 이동		
				출국수속		
제5일 11/16 일	방 콕 인 천	KE652	22:45	방콕국제공항 출발	조식	기내식
			05:50	인천국제공항 도착		
				개인수하물 수취		
				개별 해산		

원가계산업무

여행상품의 원가는 여행일정, 인원, 여행시기와 여행기간, 여행조건에 따라 항공사·호텔·지상수배업체 등이 제시하는 요금으로, 이 요금은 항상 변화하기 때문에 여행상품의 가격을 결정할 때에는 반드시 정확한 원가계산을 해야 한다.

원가계산의 주요 항목은 각종 교통운임, 지상비 등의 직접경비, 국외여행인솔자의 출장비와 여행자보험 등 기타 경비 및 알선수수료 등의 간접경비가 있다. 여행상품의 가격은 여행사의 선택 및 여행상품의 선택에 영향을 미치고 여행사 수입에 직접적인 영향을 미쳐 여행사 경영에 중요한 역할을 한다.

1. 여행상품원가의 구성요소

1) 각종 교통운임(Transpotation Charge)

항공기·철도·선박·자동차 등 각종 교통기관이 제공하는 서비스의 요금은 여행상품의 원가구성에서 가장 많은 비용을 차지하고, 여행상품의 가격에서 비중이 가장 큰 대표적인 운임은 항공운임으로 대략 여행경비의 50% 이상을 차지한다. 항공운임은 여행조건, 여행인원, 항공권 사용기간, 좌석등급 및 이용항공사에 따라 요금이 달라진다. 따라서 항공사별 항공요금의 규정을 잘 숙지하고 있어야 하고, 산출할 때에는 환율과 유가변동에 따라 신설되어 운영되고 있는 유류할증료를 포함해야 하며,

발권시에 징수되는 공항이용료 등의 각종 세금(Tax)도 빠짐없이 확인해서 포함시켜야 한다. 선박운임은 각 선사별로 요금표를 숙지하고 왕복할인 유무와 단체할인율, 선박 내 식사요금의 포함 여부 등을 파악해서 계산한다.

2) 지상비(Land Fee)

지상비란 국제간의 출·입국을 제외한 여행목적지 내에서 여행관련 이용시설 및 여행일정에 포함된 서비스의 이용에 따른 비용을 말한다. 즉, 여행목적지의 숙박비·현지교통비·식사비·관광비·현지가이드비용 등의 제반 경비를 지상비라 한다.

(1) 숙박비(Accommodation Charge)

지상비 중에서는 숙박비가 가장 큰 비중을 차지하며, 숙박시설의 위치, 종류, 등급, 부대시설의 유무 등에 따라 가격이 달라지고, 같은 숙박시설이라도 여행 시기와 인원 등에 따라 할인율이 달라지며, 객실 타입과 식사 유무에 따라서 적용되는 요금이 다르다. 숙박비는 일반적으로 객실요금과 아침식사·세금·봉사료 등이 모두 포함하여 산출된 가격이다.

(2) 지상교통비(Ground Transportation Charge)

여행목적지에서 이용하는 교통수단의 이용 요금으로 기차·버스·선박·렌터카 등이 여기에 포함된다.

(3) 식사비(Meal Charge)

여행일정에 기재되어 있는 식사의 횟수와 장소 및 메뉴에 따라 산출되는 가격이 다르다. 우선 식사가 1일 전체 포함 여부인지와 일정 중 자유식이 있는지 확인하고 메뉴별·장소별로 가격과 출·입국 항공사의 시간에 따라 기내식 서비스가 제공되는지도 표기해 식사횟수의 계산에 착오가 없도록 주의해야 한다.

(4) 관광비용(Sightseeing Charge)

여행목적지를 관광하는 소요되는 비용으로 관광지 입장료, 관람료, 가이드요금 등이 여기에 포함된다.

(5) 팁(Tip)

현지가이드와 버스기사, 호텔 및 식당에서의 팁 등으로 여행일정 중에 제공받은 서비스에 대한 감사의 의미로 지불하는 것이다. 팁의 포함 여부에 따라 지상비가 차이가 나므로 여행객과 상담시 충분히 소통을 한 후 원가계산에 넣을 것인지, 아니면 별도로 여행객이 지불할 것인지 대해 명확히 하고 계산해야 한다.

(6) 세금(Tax)

여행 중 여행 시설과 서비스를 이용할 때 부과되는 각종 세금으로, 항공권 구입시 지불하지 않고 현지에서 지불하는 공항세·도로통행료 등을 확인해서 원가계산시에 빠지지 않고 계산해야 한다.

3) 기타 비용

각종 교통운임과 지상비 이외의 비용을 말하며, 여행요금에 포함 여부와 포함된 항목에 대해서는 여행계약서에 명확하게 기재해야 한다. 여행요금에 포함 여부는 관광객의 요청에 따라 포함항목과 불포함항목으로 나눌 수 있다. 여행요금에 포함하는 항목에는 해외여행자보험료와 국외여행인솔자의 각종 교통운임·출장비가 있고, 원가계산시에 포함하지 않는 비용에는 비자발급비용, 초과수하물요금, 선택관광비, 쇼핑, 식사시 음료비, 숙박시설에서의 전화비, 공항까지의 개별 이동시 교통비 등 개인지출비용 등이 있다. 그 외에 여행사의 홍보 및 광고비·인쇄비 등은 원가계산에 포함하지 않는다.

4) 알선수수료

알선수수료는 총 여행경비의 10~20%로 책정하나 여행상품과 여행사의 방침과 경쟁여행사와의 가격경쟁 등에 따라 탄력적으로 계산하고 여행사의 이윤을 발생시키는 중요한 항목이다.

여행상품의 가격산출방법

① 1인 원가계산법 : 각 항목별로 전체 인원의 요금을 계산하여 합산한 후 다시 전체 인원으로 나누어 1인당 요금을 산출한다.
② 원가총합계산법 : 각 항목별로 1인을 기준으로 요금을 산출한 후 총 비용을 합산한다.

그림 6-1 여행상품의 가격산출방법

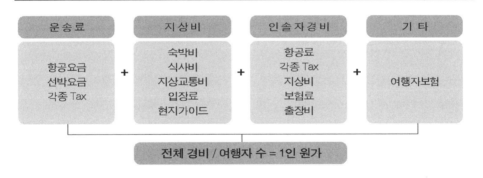

예제 1

원가항목	세부원가내역	합 계
항공료	50만 원 × 10명 인솔자 CG50 40만 원× 1명	500만 원 40만 원
유류할증료	4만 7500원 × 11명	52만 2500원
TAX	5만 8900원 × 11명	64만 7900원
지상비	15만 원 × 10명	150만 원
여행자보험	3537원 × 11명	3만 8907원
출장비	3만 3000원 × 5일	16만 5000원
총 합계		827만 4307원
1인 원가	827만 4307원 / 10명	82만 7430원

풀이: 일반적으로 소아의 여행상품가격은 성인가격의 80% 적용.
CG50(conductor of group)항공권은 인솔자 항공요금임.
TAX가 11명인 것은 CG50항공권의 TAX까지 포함됨.
여행자보험 11명은 인솔자요금까지 포함.
인솔자 출장비는 각 여행사마다 지급금액이 상이함.
비수기에는 단체항공권의 요금이 매우 저렴하여 CG50항공요금이 단체항공요금보다 오히려 비싼 경우도
발생되는데, 이런 경우에는 CG50항공원을 포기하고 단체항공요금으로 11명을 발권하여도 된다.

원가 총합 계산법: 각 항목별 1인 요금 산출 × 인원수 = 총비용 / 인원수

가격산출시 주의할 점은 여행일정표를 사전에 세밀히 검토하여 항목이 누락된 부분이 있는지 빠짐없이 확인해야 하며, 특히 특별관광일정이 포함되어 있는 경우 일정에 비용이 추가되는 부분이 있는지 확인하여 가격산출시에 모두 반영하는 것이다.

예제 2

원가항목	세부원가내역	합 계
항공료	50만 원	50만 원
유류할증료	4만 7500원	4만 7500원
TAX	5만 8900원	5만 8900원
지상비	15만 원	15만 원
여행자보험	3537원	3537원
인솔자경비	CG50항공료 40만 원/10명 유류할증료 4만 7500원/10명 TAX 5만 8900원/10명 여행자보험료 3537원/10명 출장비 3만 3000원×5일/10명	4만 원 4750원 5890원 353원 1만 6500원
1인 원가		82만 7430원

풀이: 1인 원가계산법은 각 1인의 요금만을 산출하는 방식으로 인솔자경비는 별도로 산출하여 여행자수로 나누어 각 1인 요금에 부가시켜 원가요금을 산출하는 방법이다.

1인 원가계산법: 각 항목별 1인 요금 산출 + 인솔자경비 / 인원 = 비용

제 7 장
수배업무

수배업무의 이해

1. 수배업무의 개요

1) 수배업무의 개념

수배업무는 여행객이 여행일정에 따라 원활하게 여행할 수 있도록 여행사가 여행 관련 공급업자에게 예약을 하고 여행일정에 필요한 제반 요소를 확보하여 여행상품을 만들어 내는 업무를 말한다. 즉, 여행목적지에서 여행상품을 구성하고 있는 목적지 숙박·교통·식사·관광 등에 대해 예약하여 이를 하나의 상품으로 미리 준비하고 확정하는 업무이다. 여행사에서 수배업무는 행사의 진행 여부를 결정하며, 나아가 여행사의 신뢰도 및 여행사의 수익에 중요한 영향을 미쳐 매우 중요한 업무이다. 해외 여행의 경우 수배업무는 크게 지상수배업무와 항공 수배업무로 나누어서 진행한다.

2) 수배업무의 내용

① **숙박관련 수배** : 호텔 클래스, 룸타입, 위치, 식사, 부대시설 등
② **교통관련 수배** : 현지 국내선, 기사, 버스, 선박 등
③ **식사관련 수배** : 호텔 조식(아메리칸/콘티넨털 스타일, 현지식, 한식 등)
④ **관광관련 수배** : 관광지 입장료, 박물관 관람료 등

3) 수배업무의 원칙

수배업무를 효과적으로 진행하고 여행객으로부터 신뢰감을 얻어 여행상품의 재구매 유도를 위해 수행과정에 반드시 수행해야 할 원칙으로 정확성, 신속성, 경제성, 확인 및 재확인성, 그리고 대안성이 있다.

(1) 정확성

가장 중요한 원칙으로 먼저 여행객의 요구를 정확하게 파악해야 한다. 여행객의 요구에 맞게 수배의뢰서를 작성하며, 기재한 내용을 충분히 이해하고 있어야 한다. 서류작성을 꼼꼼하게 기입하고, 수배담당자는 자기 경험을 판단으로 임의로 수배내용을 변경해서는 안 된다.

(2) 신속성

여행객이 요구한 수배사항은 우리 여행사에만 의뢰한 것이 아니므로 회답이 늦어질 경우 여행상품을 판매하기 어려워질 수 있기 때문에 경쟁여행사보다 신속한 수배가 필수적이며, 회답이 늦어질 경우는 반드시 진행과정을 보고하여 여행객의 불안감과 불평을 줄이도록 해야 한다.

(3) 경제성

지상비와 항공요금을 어떻게 산출하느냐에 따라 여행상품의 가격경쟁력을 갖추게되고, 여행사의 수익창출에 기여할 수 있다. 지상수배의 단계를 줄이거나 가격 경쟁력이 있으면서 신뢰성이 있는 지상수배업자를 선택하는 것이 중요하다. 또한 여행상품가격에서 가장 큰 비중을 차지하는 항공수배는 항공사와 지속적인 유대관계를 유지하면서 여행상품구성에 유리한 가격협상으로 항공좌석을 확보할 수 있게 노력해야 한다.

(4) 확인 및 재확인성

수배사항에서 여행객의 요청사항과 여행목적지의 현지상황은 수시로 변할 수 있으므로 이미 예약한 상품이라도 변경된 부분은 바로 수정요청을 해서 재확인을 해야 한다. 또한 수배담당자의 실수로 변경된 부분을 현지 지상수배업자에게 전달하지 않은 경우 취소료가 발생할 경우 수배담당자가 책임을 지게 되고 여행사에도 피해를 끼칠 수 있으므로 주의해야 한다.

(5) 대안성

수배는 기본적으로 여행객의 요청과 요구사항을 최대한 반영하여 진행을 하지만, 여행객이 만족하지 못할 경우를 대비해서 제2·제3의 대안을 사전에 준비해 여행객과 소통해서 여행객이 경쟁여행사의 여행상품을 구매하거나 여행계획이 무산되지 않게 철저히 준비해야 한다.

지상수배

1. 지상수배의 이해

지상수배는 여행목적지에서의 여행일정을 진행하기 위해 숙박·현지교통·관광지·여행안내 등의 제반 사항을 미리 예약하고 확정하는 업무이다. 여행사에서 지상수배를 담당하는 직원을 오퍼레이터(Operater)라고 하며, 보통 OP라고 부른다.

일반적으로 규모가 큰 여행사는 해당국가(지역)나 여행유형에 따라 별도로 지상수배를 담당하게 하고, 홀세일러인 도매여행사는 담당대리점별로 전문 OP를 두고 있으며 중소형의 여행사에서의 OP는 지상수배뿐만 아니라 항공 카운터업무도 병행하기도 한다. 여행사는 여행목적지의 현지 지상수배를 목적지 현지여행사, 현지여행사의 한국 내 지사, 현지여행사의 한국 내 연락사무소를 통해 지상수배를 의뢰하고 있으며 이들을 지상수배업자 또는 LAND사라고 부른다.

즉, LAND사는 송객여행사와의 거래계약을 통해 여행목적지 현지에서 여행객의 숙박·현지교통·관광지안내·가이드안배 등 지상수배업무를 의뢰받아 전문적으로 수행하며 송객여행사에게 현지정보를 수집 및 제공하고 현지관광일정 개발, 지상수배 상담, 지상비 견적산출 등의 업무를 담당한다.

지상수배업체는 송객여행사에 의뢰를 받아 여행목적지의 현지 지상수배뿐만 아니라 목적지의 여행안내까지 하는 것이 일반적이라 여행사의 업무가 거의 동일하다. 과거에 지상수배업체는 일반여행객을 상대로 영업을 하지 않고 여행사 대상으로 영업을 했으나 현재는 대형여행사의 현지 직수배운영으로 경쟁력이 줄어들어 지상수배업체는 일반여행사처럼 기업체나 동호회 및 과거 지상수배업체의 일정에 참가했던 여행객들을 대상으로 영업을 하고 있다.

그림 7-1 지상수배업무의 과정

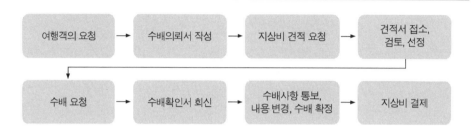

2. 지상수배업체 선정시 고려할 사항

① 과거 지상수배 행사실적과 신용상태를 확인하여 신뢰성을 확보한다.
② 현지상황에 따른 변화에 대응하는 능력뿐 아니라 여행객의 요청에 따라 변동 사항에도 유연하고 적절히 대처할 수 있는 전문성을 갖추고 있는지 확인한다.
③ 송객여행사에서 요청한 일정대로 수배를 철저하고 신속하게 진행을 하는지 확인한다.
④ 현지 공급업체(숙박업체, 각종 교통기관, 관광지, 식당 등)와 관공서와의 우호관계와 유대 정도를 확인한다.
⑤ 현지 지상비는 여행상품의 원가에 영향을 미치고, 지나치게 저렴한 지상비는 무리한 선택관광과 쇼핑에 집중할 가능성이 높으므로 합리적인 가격으로 진행하는지에 대해 점검해본다.
⑥ 행사진행을 원활하게 하기 위해 현지가이드에 대한 교육을 주기적으로 시키는지 여부와 긴급상황 발생시에 적절하게 대처할 수 있는 탄력적인 행사능력이 있는지 확인해 본다.

표 7-1 온라인 지상견적서

단체성격	수학여행(한대부고)			
출발일	2015. 10. 19(월)	도착일	2015. 10. 22(목) 도착일 확정	
예약인원	성인 220명 (학생 214명, 교사 6명) / 아동 0명 / 유아 0명			
항공(Air operation)				
왕복여부	왕복(rt)			
좌석선택	보통석(economy class)			
선호항공	아시아나(OZ)			
지(Land operation)				
호텔	1급			
Room 조건	트윈 or 트리플(두개 다 사용 가능)			
식사	조식 3(호텔식), 중식 2, 석식 3			
차량	45인승 5대			
인솔자	인솔자 포함			
Tip	포함(차량운전기사, 가이드팁 포함)			
현지공항세	포함			
여행자보험	포함			
여행여정	홍콩&마카오(세부사항 PPT 첨부)			
가격선택	입금가			
요구사항	견적만	1인예상가격	0원	
고객요청사항	• 일정 : 디즈니랜드, 마카오 일정 필히 포함 • 항공 : 국적기로 제한 • 차량 : 운행 1호차 운전기사 명시 • 숙박시설 : 반드시 본교만 입소할 수 있는지 여부 기재			

요구사항

1day - 일정 중 빅토리아피크(트램 포함)와 마담투소 입장권
2day - 마카오이동 페리(단체로 한번에 이동 가능 여부)
3day - 디즈니랜드입장권(중식을 디즈니랜드 안에서 해결할 수 있도록 해주세요)
4day - 옹핑 케이블카 입장권

항공수배

항공수배업무는 국외여행업과 일반여행업을 하는 여행사에서 해외여행상품의 구성요소인 국제선 구간의 항공좌석확보와 항공요금을 계산하는 업무이다.

항공예약·발권을 담당하는 직원을 항공카운터 혹은 카운터라고 부른다. 항공카운터는 CRS(Computer Reservation System)를 이용하여 항공좌석을 예약하고 해당 항공사의 담당자와 연락하여 좌석을 확보한다. 여행사에서 항공좌석을 확보하는 문제는 특히 성수기에 좌석확보가 여행상품 판매에 있어 큰 관건이 되고 있으며, 여행객이 원하는 날짜와 시간 또는 항공사에 대한 좌석확보를 하지 못하면 여행상품 판매 자체가 불가능해져서 여행사의 항공좌석 확보능력은 매우 중요하다. 또한 항공좌석의 확보와 저렴한 요금산출을 위해 항공사와의 섭외와 가격협상능력이 있는 전문성과 숙련도를 갖춘 직원의 양성도 중요하다.

패키지를 판매하는 대형 여행사나 도매여행사는 여행상품별로 항공좌석을 시리즈로 확보 가능하고, 경우에 따라서는 하드블럭을 요청해서 운영하여 중소규모의 여행사보다 쉽게 항공좌석을 확보할 수 있는 장점이 있다. 그러나 확보된 좌석을 전부 판매해야 한다는 부담감이 있고 하드블럭을 요청한 자리인 경우는 좌석을 전부 판매하지 못할 경우 금전적 손실을 입기도 한다. 왜냐하면 항공사에서 하드블럭으로 좌석을 제공받으면 확보된 좌석만큼의 항공료를 선지불하기 때문이다.

중소규모의 여행사와 BSP에 가입되어 있지 않은 여행사는 직접 판매를 하고 있는 대형 여행사나 홀세일러인 도매여행사를 통해 항공좌석의 확보 및 수배가 가능하고 최근에는 규모가 큰 랜드사도 행사견적을 의뢰받으면서 항공좌석의 예약수배까지

의뢰받아 진행하기도 한다. 이는 랜드사도 점점 대형화되어 항공좌석을 확보해서 현지 직수배를 하고 있는 도매여행사나 경쟁사인 대형 여행사에게 행사를 빼기지 않으려고 자생력을 갖추고 있기 때문이다.

제 8 장
항공업무

여행업과 관광교통업

여행은 기본적으로 공간적 이동을 전제로 한 인간의 행위로서 여행객이 여행목적지까지 이동해야만 비로소 관광활동이 이루어지고, 원하는 목적지까지 이동을 가능하게 해주는 것이 교통이다. 여행업에서 관광교통이란 여행객이 일상생활을 떠나 반복적이면서 체계 있고 관광성이 있는 교통수단을 이용하여 관광자원 및 여행목적지 등을 찾아가면서 이루어지는 경제적·사회적·문화적 현상이 내포된 이동행위의 총체이다. 관광교통은 기본적으로 여행객이 출발지로부터 여행목적지까지의 공간적 이동에 필요한 이동수단으로서의 단순기능을 넘어서 관광매력물로서 관광자원의 기능을 가지고 있다. 예를 들면, 등산열차·관광케이블카·증기기관차·유람선·인력거 등 다양한 교통수단은 그 자체가 관광자원이 된다. 또한 지역의 상징물이 되는 철도역사·버스터미널 등의 교통시설은 관광구성요소의 하나로 사용되고 지역의 랜드마크로 자리잡고 있다.

또한 관광교통은 여행객뿐만 아니라 지역주민의 생활교통수단으로서의 기능을 담당하여 지역사회의 기반시설로서 역할을 하고, 지역의 관광자원에 대한 수요와 공급의 불균형으로 인해 관광수요를 통제할 필요가 있을 경우 교통시설의 설치 및 교통수단 이용의 시간적·공간적 통제를 통해 관광수요를 조절하기도 한다. 교통수단으로서의 통제와 경로의 시간적·공간적 억제는 교통뿐만 아니라 관광시설 배치 및 요금에 의한 억제 등 여러 정책의 조합에 의해 보다 효과적일 수도 있고, 교통 서비스에 따라 여행객의 수로 관광의 질도 통제가 가능하다. 따라서 여행객의 관광활동에서 가장 핵심적인 역할을 담당하고 있는 관광교통에 대한 이해를 높이는 것이 필요하다.

1. 관광교통의 특성

1) 높은 자가용 이용률

2016년 국민여행실태조사에 따르면 국내여행시 당일여행과 숙박여행에 상관없이 '자가용'의 이용률이 높게 나타났다. 관광교통에 이용되는 일반교통(고속버스, 일반버스, 일반열차, 관광버스, 고속철도)에 비해 자가용의 이용률이 높은 특성을 보이고 있다. 많은 여행목적지는 기존 도시나 지역거점에서 상당히 떨어진 곳에 위치하고 있어 광역교통수단(경전철, 고속·시외버스, 광역버스 등)을 이용해 목적지에 접근하기에 어려운 점이 있어 원하는 최종목적지까지의 접근성과 편리성을 고려한 자가용 이용비율이 높게 나타난다.

표 8-1 국내여행 이용 교통수단(2016년)

구 분	2016년			2015년			2014년		
	국내여행	숙박여행	당일여행	국내여행	숙박여행	당일여행	국내여행	숙박여행	당일여행
자 가 용	74.1	76.2	72.5	74.0	76.0	72.5	73.5	77.3	70.6
철 도	3.7	5.4	2.4	4.1	5.4	3.1	4.6	5.9	3.6
항 공 기	2.3	5.0	0.3	2.2	5.1	0.1	1.7	3.7	0.1
선박/행상교통	0.3	0.6	0.1	0.3	0.7	0.1	0.4	0.8	0.1
지 하 철	4.9	1.3	7.6	5.0	1.1	8.0	4.4	1.0	7.0
고속/시외버스	7.0	6.9	7.1	6.3	6.8	6.0	6.4	6.2	6.5
전세/관광버스	6.0	3.1	8.1	6.0	3.2	8.1	6.8	3.3	9.5
차량대여/렌트	0.7	0.9	0.6	0.8	0.9	0.8	1.0	1.0	1.0
자 전 거	0.1	0.1	0.1	0.1	0.1	0.1	0.0	0.0	0.0
기 타	1.0	0.5	1.3	1.1	0.8	1.3	1.2	0.8	1.6

자료: 한국관광공사, 2016.

2) 관광교통수요의 계절성

관광교통수요의 계절성은 관광수요의 계절성에 비례하고 주중·주말·휴가·연휴별로 관광교통에 대한 수요가 집중 및 분산되며, 일반적으로 관광교통수요는 주중

보다는 주말, 연휴기간과 여름 휴가기간 등에 집중적으로 발생한다.

<표 8-2>는 2016년도 국민여행실태조사에 따른 자료로 관광교통수요의 계절성을 확인해볼 수 있다.

표 8-2 국내여행의 여행시기(복수응답, 단위: %)

구 분	2016년			2015년			2014년		
	국내 여행	관광여행	기타여행	국내 여행	관광여행	기타여행	국내 여행	관광여행	기타여행
주 중	43.2	47.4	39.2	55.6	55.8	55.4	58.5	56.3	60.4
주 말	55.3	60.2	50.7	62.4	64.5	60.5	61.6	63.5	59.7
휴가/방학	3.8	5.9	1.8	1.8	2.6	0.9	2.5	4.1	0.9
설날/추석	10.8	1.7	19.3	11.8	2.0	21.0	12.1	2.2	21.2
공휴일	12.1	14.9	9.3	8.9	11.3	6.5	8.7	11.6	6.0

자료: 한국관광공사, 2016.

3) 높은 관광교통비용

일반적으로 총 여행경비에서 가장 큰 비중을 차지하는 것은 교통비이다. 2016년도 국민여행실태조사 결과에 따르면 1인 1회 평균 국내 숙박여행시 전체 비용 중 교통비가 차지하는 비중은 18.9%, 국내 당일여행시 교통비가 차지하는 비중은 22.7%로 나타났다. 또한 2015년 마스터카드사의 조사에 따르면 한국인이 해외여행을 할 때에 1인당 167만원 이상을 지출하는 것으로 나타났고, 이 비용은 국내를 여행할 때 1인이 사용하는 40만 1,730원의 약 4배 정도가 된다. 해외여행경비 가운데 항공료 등 교통비는 32%로 가장 큰 비중을 차지했고 숙박비 22%, 외식비163%, 쇼핑 12%, 유흥비 10%의 순으로 나타났다.(여행신문, 2015. 02. 23)

그림 8-1 한국 소비자 해외여행 경비 비중(단위:%, 403명 조사)

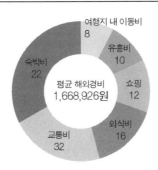

2. 관광교통의 유형

관광교통수단은 여행객의 거주지로부터 여행목적지까지 일반여객과 여행객을 수
송하는 일반교통수단과 여행객이 거주지를 떠나 여행목적지까지 여행객만을 수송하
는 교통수단과 관광지 내에서 유람용으로 여행객 수송을 담당하는 특수교통수단으
로 분류할 수 있다.

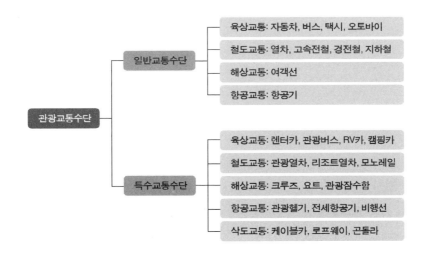

자료: 김창수(관광교통의 이해)

① **육상관광교통** : 도로와 철도, 그 밖의 육상교통시설을 이용하여 이루어지는 교통을 말하며, 다시 도로교통과 철도교통으로 나눌 수 있다.

② **수상관광교통** : 선박으로 이동하는 교통을 의미하며, 해상교통과 내륙수로교통을 나눌 수 있으며, 내륙수로교통은 하천·운하·호수 등에서 선박을 이용하여 여행객을 운송하는 것으로 수상택시나 수상버스 등이 여기에 포함된다.

③ **항공관광교통** : 빠른 속도와 안정성으로 인해 가장 중요한 장거리 운송수단으로서 국제관광의 발전은 물론, 항공산업의 발전에 기여하고 있다.

표 8-3 국내 교통수단별 수송분담률(국내선)

구 분		2013년	2014년	2015년		
				수 송	분담률(%)	증감률(%)
여객 (1000명)	철도	1,224,820	1,263,472	1,269,417	16.9	0.5
	지하철	2,476,401	2,526,167			
	공로	26,327,678	26,678,513	6,213,735	82.6	-76.7
	해운	16,063	14,271	15,381	0.2	7.8
	항공	22,353	24,648	27,980	0.4	13.5
	합계	30,067,315	30,507,071	7,526,512	100.0	-75.3
여객킬로 (100만)	철도	38,531	39,500	40,343	23.7	2.1
	지하철	27,840	28,360			
	공로	361,696	360,936	118,752	69.6	-67.1
	해운	1,012	756	757	0.4	0.1
	항공	9,093	9,497	10,707	6.3	12.7
	합계	438,172	439,048	170,560	100.0	-61.2
화물 (톤)	철도	39,822	37,379	37,094	22.3	-0.8
	공로	1,546,407	1,512,701			
	해운	117,860	117,920	128,611	77.5	9.1
	항공	253	283	288	0.2	1.8
	합계	1,704,342	1,668,283	165,993	100.0	-90.1

주: 공로에 승용차통계 포함, 2015 승용차통계는 잠정치
자료: 국토교통통계연보, 2015.

표 8-4 국내 교통수단별 수송분담률(국제선)

구 분		2013년	2014년	2015년		
				수 송	분담률(%)	증감률(%)
여객 (1000명)	해운	2,737	2,646	2,617	4.1	-1.1
	항공	50,987	56,779	61,434	95.9	8.2
	합계	53,724	59,425	64,051	100.0	7.8
여객킬로 (100만)	해운	-	-	-		0.0
	항공	163,870	173,643	187,737	100.0	8.1
	합계	163,870	173,643	187,737	100.0	8.1
화물 (1000톤)	해운	1,123,205	1,184,641	1,216,782	99.7	2.7
	항공	3,246	3,411	3,519	0.3	3.2
	합계	1,126,451	1,188,052	1,220,301	100.0	2.7

자료 : 국토교통통계연보, 2015.

여행업과 항공교통

1. 항공운송사업의 이해

항공사업법 제2조 규정에 따르면 항공운송(air transportation)이란 타인의 수요에 맞추어 항공기를 사용하여 유상(有償)으로 여객이나 화물을 운송하는 사업을 말한다. 즉, 항공운송사업이란 국내외 공항에서 다음 공항까지 운항하는 현대식 운송시스템으로서 항공기를 이용한 운송서비스 일체를 제공하고 항공운임을 받아 수익을 창출하는 사업이라고 할 수 있다. 그리고 항공기를 사용하여 여객 또는 화물의 운송과 관련된 유상서비스를 제공하는 사업을 하는 회사를 항공운송사업자(항공사 · 항공기업)라고 한다.

항공운송사업은 항공사가 항공기를 이용하여 여행객을 운송하는 것으로, 사업의 형태에 따라 Official Airline Guide(OAG)에 운항시각표를 수록하고 국제항공운송협회(IATA)로부터 항공사코드와 운항도시코드를 부여받는 정기항공운송과 부정기적으로 운항하는 부정기항공운송으로 구분할 수 있다.

항공산업의 발달에 따른 항공기의 고급화 · 대형화는 항공운송시장의 변화를 가져왔고, 소득수준의 향상, 의식수준의 변화, 여가시간의 확대 등으로 여행시장의 수요가 확대되면서 여행객들의 항공기 이용은 급격히 증가하였다.

시대별로 새로운 항공기의 출현에 따라 여행범위 · 항공시장 · 여행정보원의 변화과정을 거쳐 하나의 새로운 산업으로 각광을 받기 시작한 여행산업과 관광교통업은 각각의 기능을 수행하면서도 서로 의존관계에 있으며, 모두 외적 환경변화에 민감한 반응을 보여 경기호조일 때에는 호황을 맞는다.

여행객이 여행할 수 있는 시장성이 있고 여행객을 맞이할 수용태세가 갖추어져 있더라도 항공사업과 같은 관광교통부문이 만족할 만한 수송태세를 갖추지 못하면 항공운송부문의 수익성이 보장되지 않을 뿐만 아니라 관광부문에 충분한 여객을 송출하지 못해 여행업계에도 손실을 입게 된다.

마찬가지로 수송태세는 완비되어 있더라도 국가 및 지역의 기반시설과 숙박·오락·식음료·관광정보센터·관광상품 등의 수용태세가 미비하다면 항공기로 여객을 송출할 명분이 약해 관광부문과 운송부문 모두 손실을 볼 수 있다.

이처럼 여행산업과 항공운송사업은 서로 연관되어 고용증대와 관련 산업 발전에 상당히 기여하고 있다. 항공운송사업과 여행산업은 세계 여러 나라에서 미래 성장산업으로 전망하고 있고, 상호보완적인 관계를 잘 유지하고 긴밀한 협조와 협력을 하면 관광시장이 활성화되며 여객시장의 범위가 확대되고 수익성도 높아질 것이다.

항공운송사업에 있어 핵심이 되는 것은 하늘의 자유(Freedom of the air)라고 하는 항공운송권으로, 이는 정부로부터 항공운송사업의 면허 또는 허가를 받음으로써 얻어지며, 외국의 항공운송사업자에 대해서는 일반적으로 양자간 항공협정(Bilateral Air Service Agreement)에 의해 제한적으로 부여된다.

표 8-5 2017년 항공운송실적 요약

구 분		2015년	2016년	2017년	'17/'16 대비(%)
운항 (회)	국내	182,583	190,997	196,556	2.9
	국제	388,014	438,863	457,103	4.2
	계	570,597	629,860	653,659	3.8
여객 (명)	국내	27,980,135	30,912,922	32,406,255	4.8
	국제	61,434,404	73,000,810	76,955,719	5.4
	계	89,414,539	103,913,732	109,361,974	5.2
화물 (톤)	국내	287,781	292,887	290,125	-0.9
	국제	3,518,772	3,780,970	4,031,516	6.6
	계	3,806,552	4,073,856	4,321,641	6.1

주: 유임, 국내선 출발, 국제선 출발+도착, 화물 우편 및 수하물 포함. 단, 국제선 국내공항 경유지는 출발 기준

우리나라는 2016년 기준으로 94개국과 항공협정을 체결하였고, 2016년 기준으로 국적항공사가 45개국, 148개 도시, 250개 노선, 주 2,412회를 운항하고 있으며, 우리나라에 취항 중인 외국항공사는 36개국, 170개 도시, 228개 노선, 주 1498회를 운항하고 있다.

표 8-6 항공협정 체결국가 현황(2016년 5월 기준)

지 역	복수제	단수제
미국(10개)	미국, 브라질, 멕시코, 아르헨티나, 캐나다, 칠레, 페루, 에콰도르, 파라과이, 파나마	
러시아/CIS(9개)	러시아, 우즈베키스탄, 카자흐스탄, 키르기즈스탄, 우크라이나, 아제르바이젠, 벨라루스, 투르크메니스탄, 타지키스탄	
서남아(6개)	인도, 네팔, 파키스탄, 스리랑카, 몰디브	방글라데시
동북아(6개)	중국, 일본, 대만, 홍콩, 마카오, 몽골	
동남아(10개)	말레이시아, 싱가포르, 베트남, 인도네시아, 태국, 필리핀, 부르나이다루살람, 미얀마, 캄보디아, 라오스	
아프리카(12개)	케냐, 모로코, 알제리, 남아프리카공화국, 수단, 튀니지, 에티오피아, 세이셸	지부티, 가봉, 라이베리아, 나이지리아
대양주(5개)	뉴질랜드, 호주, 피지, 팔라우, 파푸아뉴기니	
구주(25개)	영국, 프랑스, 독일, 네덜란드, 폴란드, 스위스, 벨기에, 북구3국(스웨덴, 노르웨이, 덴마크), 오스트리아, 스페인, 체코(구 체코슬로바키아 승계), 헝가리, 핀란드, 불가리아, 몰타, 루마니아, 그리스 구 유고(국가해체. 협정 승계국 미조정), 포르투갈, 룩셈부르크, 아이슬란드, 이태리, 터키	
중동(11개)	아랍 에미레이트, 바레인, 이집트, 이란, 오만, 카타르, 이스라엘, 사우디아라비아	이라크, 요르단, 쿠웨이트
계 94국	86개	8개

자료 : 국토교통부 홈페이지(www.mltm.go.kr)

항공업계는 항공사간 전략적 제휴(stratagic alliance)를 맺고 있는데, 이는 둘 또는 그이상의 기업들이 자신이 보유한 핵심역량을 바탕으로 상호보완적인 역량을 결합하는 것으로, 전략적 제휴를 맺는 목적은 다음과 같다.

① 수많은 도시들을 연결하는 노선망 구축을 통해 시장 확보 및 개척, 신규수요를 창출하여 고객에게 완벽한 서비스를 제공한다.

② 규모의 경제를 달성하기 위해 공항시설(항공사 라운지)과 지상근무요원들의 공동근무, 광고와 홍보, 장비와 항공유(油)의 공동구매, 컴퓨터 시스템 연결과 소프트웨어를 공동개발한다.

③ 제휴를 통해 비행편 수의 증가와 더욱 편리한 비행 스케줄을 제공하고 환승승객의 대기시간을 최소화하기 위해 비행 스케줄을 조정하여 가능한 한 출발구와 도착구를 근접하게 위치를 배정하여 승객의 연결편이 편리하도록 하여 서비스의 품질을 제고시킨다.

④ 상용고객 우대제도나 광고 및 마케팅역량을 강화해 경쟁력을 확보한다.

⑤ 제휴를 통해 기존 시장에서 자사의 위치를 강화하고 새로운 시장에 우선적으로 진입함으로써 경쟁자를 견제한다.

세계 항공업계는 현재 전략적 제휴단계를 넘어 거대한 글로벌 제휴(global alliance) 그룹으로 재편되고 있다. 두 항공사 간의 좌석공유(code share)나 상용고객 우대제도 교환과 같은 단순한 항공사간 협력체계를 넘어 공동 스케줄과 마케팅, 기술개발까지 공동으로 추진해 사실상 단일회사처럼 움직여 다자간 기업연합체이다. 세계 3대 글로벌 제휴그룹은 1997년 5월 에어캐나다·루프트한자·스칸디나비아항공·타이항공·유나이티드항공이 주축이 되어 결성한 스타얼라이언스, 아메리칸항공·브리티시항공이 주축이 되어 1998년 9월에 출범한 원월드, 그리고 2000년 6월 에어로멕시코·에어프랑스·델타항공·대한항공이 주축이 되어 출범한 스카이팀이 있다. 최근에는 중동항공사의 눈부신 발전으로 에티하드항공(EY)은 자체 항공사연합인 '에티하드항공파트너십(Ethihad Airways Partnetship)을 결성했다. 에티하드항공파트너십은 네트워트 일정 개선, 상용고객 혜택강화, 고객에게 다양한 선택권 제공 등을 목표로 하는 항공사들이 연합한 새로운 브랜드로 기존 항공동맹체에 가입된 항공사도 합류할 수 있고 에어베를린·에어세르비아·에어세이셸·제트에어웨이즈·다윈항공·에티항공 등 6개 항공사로 구성해 출범하였다.

표 8-7 스카이팀 회원사

Alliance	항공사명	회원	가입연도
SkyTeam	Aeroflot	정회원	2006
	Aerolineas Argentinas	정회원	2012
	Aeromexico	정회원	2000
	Air Europa	정회원	2007
	Air France	정회원	2000
	Alitalia	정회원	2001
	China Airlines	정회원	2011
	China Eastern Airlines	정회원	2011
	China Southern Airlines	정회원	2007
	CSA Czech Airlines	정회원	2001
	Delta Air Lines	정회원	2000
	Garuda Indonesia	정회원	2014
	Kenya Airways	정회원	2007
	KLM Royal Dutch Airlines	정회원	2004
	Korean Air	정회원	2000
	Middle East Airlines	정회원	2012
	Saudi Arabian Airlines	정회원	2012
	TAROM	정회원	2010
	Vietnam Airlines	정회원	2010
	Xiamen Airlines	정회원	2012

표 8-8 스타얼라이언스 회원사

Alliance	항공사명	회원	가입연도
	Shenzhen Airlines	정회원	2012
	Singapore Airlines	정회원	2000
	South African Airways	정회원	2006
	Swiss European Airlines	정회원	2006
	TAM Airlines	정회원	2010
	TAM Airlines(Paraguay)	정회원	2010
	TAP Portugal	정회원	2005
	Thai Airways	정회원	1997

Star Alliance	Turkish Airlines	정회원	2008
	United Airlines	정회원	1997
	US Airways	정회원	2004
	Adira Airways	정회원	2004
	Aegean Airlines	정회원	2010
	Air Canada	정회원	1997
	Air China	정회원	2007
	Air India	정회원	2014
	Air New Zealand	정회원	1999
	Air Nippon Airways	정회원	1999
	Asiana Airlines	정회원	2003
	Austrian Airlines	정회원	2000
	AVIANCA	정회원	2012
	bmi	정회원	2000
	Brussels Airlines	정회원	2009
	COPA	정회원	2012
	Croatia Airlines	정회원	2004
	Egypt Air	정회원	2008
	Ethiopian Airlines	정회원	2011
	LOT - Polish Airlines	정회원	2003
	Lufthansa	정회원	1997
	SAS	정회원	1997

표 8-9 원월드 회원사

Alliance	항공사명	회원	가입연도
OneWorld	AirBerlin	정회원	2012
	American Airlines	정회원	1998
	British Airways	정회원	1998
	Cathay Pacific	정회원	1998
	Finnair	정회원	1999
	Iberia	정회원	1999
	Japan Airlines	정회원	2007
	Lan Airlines	정회원	2000
	Qantas Airways	정회원	1998
	Royal Jordanian	정회원	2007

	SriLankan Airlines	정회원	2014
	S7 Airlines	정회원	2010
	TAM Airlines	정회원	2014
OneWorld (계열사)	American Eagle Airlines	정회원	1998
	Comair	정회원	1998
	Dragonair	정회원	1998
	Iberia Express	정회원	2012
	Iberia Regional Air Nostrum	정회원	1999
	J-Air	정회원	2007
	JAL Express	정회원	2007
	Japan Transocean Air	정회원	2007
	Lan Argentina	정회원	2000
	Lan Ecuador	정회원	2000
	Lan Peru	정회원	2000
	Lan Express	정회원	2000
	MexicanaClick	정회원	2009
	MexicanaLink	정회원	2009
	NIKI	정회원	2012
	Sun Air Charter	정회원	1998

2. 항공운송사업의 분류

항공운송사업은 기존 정기항공운송사업과 부정기운송사업으로 분류되었지만, 2009년 6월 일부 법개정으로 국내항공운송사업, 국제항공운송사업, 소형 항공 운송 사업 등으로 분류하였다.

① **국내항공운송사업** : 국내공항과 국내공항 사이에 일정한 노선을 정하고 정기적 인 운항계획에 따라 운항하는 국내정기편 운항과 정기편 운항외의 항공기 운 항을 말하는 국내부정기편 운항이 있다.

② **국제항공운송사업** : 국내공항과 외국공항 사이 또는 외국공항과 외국공항 사이 에 일정한 노선을 정하고 정기적인 운항계획에 따라 운항하는 국제정기편 운 항과 국제정기편 운항 외에 운항하는 국제부정기편 운항이 있다.

③ **소형항공운송사업** : 국내항공운송사업 및 국제항공운송사업 외의 항공운송사업을 말한다.

표 8-10 항공운송사업의 분류

구 분		내 용
국내항공운송사업	국내정기편 운항	국내공항과 국내공항 사이에 일정한 노선을 정하고 정기적인 운항계획에 따라 운항
	국내부정기편 운항	국내공항 간 정기편 운항 이외의 운항
국제항공운송사업	국제정기편 운항	국내공항과 외국공항 사이 또는 외국공항과 외국공항 사이에 일정한 노선을 정하고 정기적인 운항계획에 따라 운항
	국제부정기편 운항	국내공항과 외국공항 사이 또는 외국공항과 외국공항 사이의 정기편 운항 이외의 운항
소형항공운송사업		승객좌석 수가 20석 미만인 비행기 및 회전익항공기를 이용하는 항공운송사업

3. 항공운송사업의 현황

항공운송사업의 현황을 살펴보면 다음과 같다.

표 8-11 국내·국제 항공운송사업 면허 현황(2017년 1월 기준)

업체명	대표자	면허일	최초운항일
대한항공	조원태	1962. 11. 30	1969. 03. 01
아시아나항공	김수천	1962. 11. 30	1988. 12. 23
제주항공	안용찬, 최규남	2005. 08. 25	2006. 06. 05
진에어	최정호	2008. 04. 05	2008. 07. 17
에어부산	한태근	2008. 06. 11	2008. 10. 27
이스타항공	최종구	2008. 08. 06	2009. 01. 07
티웨이항공	정홍근	2005. 03. 31	2010. 09. 15
에어인천	박용광	2012. 05. 22	2013. 03. 05

표 8-12 소형 항공운송사업 등록 현황

구분	대한항공	코리아익스프레스에어	헬리코리아	블루에어	유아이헬리제트	온유에어(드림항공)	스타항공우주	신한에어
대표자	조원태	노승영	민경조	최인규	이상덕	유희범	조재성	김원호
면허(등록)일	'94.9.27	'07.7.4	'96.9.17	'11.9.5	'15.3.27	'15.6.30	'05.10.20	'16.06.03
최초취항일	'07.7.31	'09.3.21	'01.11.11	'11.12.26 운항증명				
사업범위	전세(여객)	관광비행	전세운송	전세운동관광비행지점간비행	전세운송	전세(여객)	전세(여객)	관광비행전세(여객)
자본금	3,698억 원	7억 원	31억 원	1억 원	20억 원	36억 원	31억 원	15억 원

표 8-13 국내항공사별 항공기 보유현황(2017년 12월)

구분	항공사	대수	평균기령
국제항공기운송사업	대한항공	163	9.0
	아시아나	84	10.4
	제주항공	30	10.7
	진에어	24	11.2
	티웨이항공	18	10.0
	에어부산	23	12.5
	이스타항공	19	12.5
	에어서울	6	3.7
	에어포항	1	17.0
	에어인천(화물)	2	25.5
	코리아익스프레스에어	3	23
	계	373	10.2

표 8-14   국제선 지역별 실적(2017년)(단위: 명, %)

구분	일본	중국	동남아	미주	유럽	대양주	기타
2015년	12,168,572	16,475,680	20,909,957	4,558,276	4,326,788	2,199,506	875,625
2016년	15,114,249	19,857,325	25,142,829	4,827,008	4,591,456	2,495,814	972,129
2017년	19,043,187	13,940,932	29,652,895	5,168,347	5,330,926	2,829,053	990,379
'17/'16 대비	26	-29.8	17.9	7.1	16.1	13.4	1.9

주: 동남아는 중국과 일본을 제외한 아시아 지역 전체 포함

표 8-15   항공사별 국제선 여객실적(2017년)(단위: 명, %)

구 분		공급석			국내선 여객			탑승률		
		2016년	2017년	증감률	2016년	2017년	증감률	2016년	2017년	증감률
대형 국적사	대한항공	24,332,775	24,254,204	-0.3	19,036,977	18,924,701	-0.6	78.2	78	-0.2
	아시아나항공	16,712,263	16,269,532	-2.6	13,865,801	13,343,785	-3.8	83	82	-1
	소 계	41,045,038	40,523,736	-1.3	32,902,778	32,268,486	-1.9	80.2	79.6	-0.6
저비용 항공사	에어부산	2,623,432	3,632,949	38.5	2,215,581	3,003,639	35.6	84.5	82.7	-1.8
	에어서울	190,515,	1,135,426	496	117,374	820,943	599.4	61.6	72.3	10.7
	이스타항공	2,444,449	2,920,739	19.5	2,073,512	2,514,596	21.3	84.8	86.1	1.3
	제주항공	4,848,810	6,551,148	35.1	4,124,597	5,825,360	41.2	85.1	88.9	3.8
	진에어	4,526,632	5,680,032	25.5	3,749,912	4,859,493	29.6	82.8	85.6	2.8
	티웨이항공	2,467,083	3,866,277	56.7	2,022,741	3,278,069	62.1	82	84.8	2.8
	소 계	17,100,921	23,786,571	39.1	14,303,717	20,302,100	41.9	83.6	85.4	1.8
국적사 계		58,145,959	64,310,307	10.6	47,206,495	52,570,586	11.4	81.2	81.7	0.5
외항사 계		31,928,816	30,565,057	-4.3	25,794,315	24,385,133	-5.5	80.8	79.8	-1
총 계		90,074,775	94,875,364	5.3	73,000,810	76,955,719	5.4	81	81.1	0.1

표 8-16 국적항공사 국내선 여객실적(2017년)(단위: 명, %)

구 분		공급석			국내선 여객			탑승률		
		2016년	2017년	증감률	2016년	2017년	증감률	2016년	2017년	증감률
대형 국적사	대한항공	10,203,871	10,318,865	1.1	7,904,329	7,988,802	1.1	77.5	77.4	-0.1
	아시아나항공	6,485,047	7,0085,049	8.1	5,444,059	5,990,619	10	83.9	85.5	1.6
	소 계	16,688,918	17,326,914	3.8	13,348,388	13,979,421	4.7	80	80.7	0.7
저비용 항공사	에어부산	4,198,291	4,675,844	11.4	3,667,282	4,106,166	12	87.4	87.8	0.4
	에어서울	109,098	-	-100	96,876	-	-100	88.8	-	-88.8
	이스타항공	2,834,399	3,301,052	16.5	2,530,686	3,006,318	18.8	89.3	91.1	1.8
	제주항공	4,934,544	4,876,557	-1.2	4,533,247	4,641,543	2.4	91.9	95.2	3.3
	진에어	4,148,832	3,950,745	-4.8	3,935,030	3,737,910	-5	94.8	94.6	-0.2
	티웨이항공	3,025,023	3,174,849	5	2,801,413	2,934,897	4.8	92.6	92.6	-0.2
	소 계	19,250,187	19,979,047	3.8	17,564,534	18,426,834	4.9	91.2	92.2	1
총 계		35,939,105	37,305,961	3.8	30,912,922	32,406,255	4.8	86	86.9	0.9

그림 8-2 국제선 항공사별 여객수송비율(2014년)

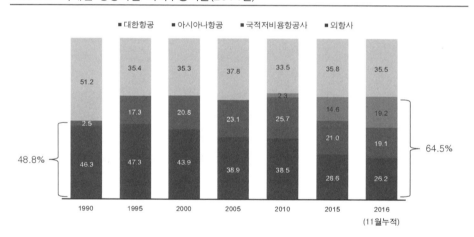

그림 8-3 ICAO 가입국 항공여객 수송실적추이(2006년~2015년)

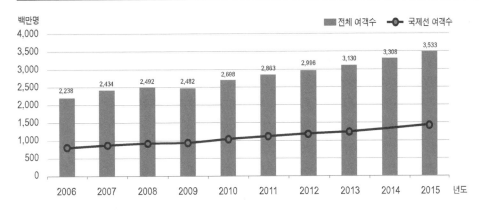

그림 8-4 세계 지역별 항공운송실적(2015년)

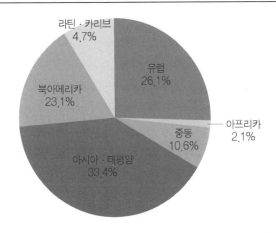

4. 항공기업(FSC vs LCC) 사례

국제민간항공기구(ICAO)는 운항유형별(Type of operation), 서비스종류별, 운송대상별, 마케팅 및 경제적 고려사항별, 운항규모별(Scae of operation), 소유 및 지배구조별, 사업모델특성(Characteristics of business model)의 7가지 기준으로 항공사를 분류한다. 본

서에서는 항공법에서의 항공운송사업의 분류를 국내항공운송사업과 국제항공운송
사업, 소형 항공운송사업으로 분류하고, 국내항공운송사업과 국제항공운송사업은 다
시 추가로 정기편과 부정기편으로 분류하고 있으며, 국제민간항공기구의 사업모델
특성에 따른 분류를 활용해 FSC의 대표사례로 국적사인 대한항공과 아시아나항공
그리고 LCC의 특성과 사례를 확인해 보고자 한다.

표 8-17 사업모델에 따른 항공사 분류

항공사명	정 의
Full service carrier	• 전형적인 국적항공사 또는 대형 항공사 • 광범위한 노선망 운영 • 항공사에서 제공할 수 있는 거의 모든 서비스 제공 즉, 다양한 좌석등급, 기내 오락시설, 기내식, 기내 면세품 판매, 프리미엄등급 승객 또는 FFP회원을 위한 라운지 제공
No-frills carrier	• full service carrier와 달리 간단하고 제한적이 기내서비스 제공 등 저비용항공 운송서비스 제공에 초점을 맞춘 항공사
Low cost carrier	• 저비용 구조의 항공사로 낮은 운임을 제공하는 항공사 • 독립 항공사, 대형 항공사의 자회사 등의 형태

1) FSC의 대표사례(국내 FSC 비교)

회사명	대한항공		회사명	아시아나	
주소	서울시 강서구 하늘길 260		주소	서울시 강서구 오쇠동 47	
창립일	1969년 3월 1일		창립일	1988년 2월 17일	
사업부문	여객, 화물, 항공우주, 기내식, 기판, 리무진		사업부문	항공운수, 토목, 건축, 설비, 전기, 통신, 로고상품, 관광, 호텔, 교육, 기내식제조판매, 전자상거래, e-business	
항공기보유수	총 163(2017년12월기준)		항공기보유수	84대(2017년12월기준)	
운항노선	국내선	12개 도시	운항노선	국내선	11개 도시
	국제선	46개국 128개 도시		국제선	24개국 75개 도시
	전체	47개국 140개 도시		전체	25개국 86개 도시

2) LCC의 개념과 사례

2000년 이후 항공시장은 이라크전쟁과 이에 따른 유가상승, 그리고 SARS의 출현으로 완전히 침체되고 2001년 9·11테러 이후 여행객의 수가 급격히 감소하여 기존 항공사의 고비용구조와 규제완화로 노선은 확장되었으나 고밀도시장의 치열한 경쟁으로 수익성이 악화되었다. 2008년 델타항공과 노스웨스트항공의 합병을 시작으로 2010년 UA와 CO항공사의 합병, 그리고 2013년에는 AA와 US항공사 등이 합병으로 부도사태를 넘어 항공시장의 위험을 넘겼다. 이와 같은 항공시장의 변화의 조류 속에 중규모지역을 기반으로 낮은 가격으로 항공좌석을 제공하는 LCC(Low Cost Carrier)가 항공업계에 새로운 강자로 떠올랐다.

LCC는 정형화된 항공운송사업과 달리 저비용으로 항공사를 운영하는 형태로, 기존의 항공사처럼 높은 수준의 서비스 및 고비용과는 반대로 실용적인 비즈니스 모델을 모색하고 낮은 비용부담을 강점으로 시장에 진입하여 기내 서비스와 항공료를 낮춰 실용적인 수요에 부응하는 항공여객을 대상으로 서비스를 제공해 항공시장의 틈새진입에 성공했다. 또한 LCC는 일반적으로 항공자유화와 항공교통대중화의 진행으로 나타난 항공사 비즈니스 모델로, 운항의 안전을 제외한 측면에서 불필요한 서비스를 제공하지 않고 항공사 운영비용을 절감하여 여행객에게 기존의 항공사의 운임보다 낮은 운임을 제공하는 항공사를 지칭하며, 기내 서비스 등 부대 서비스가 없다는 점에서 No-Frills Carrier, 요금이 낮다는 점에서 저가(Low Fare)항공, 운영비용을 낮췄다는 점에서 저비용(Low Cost)항공 등 다양한 명칭으로 불린다. 즉, LCC란 항공사의 운영비용 절감을 통해 저렴한 항공료를 제공하는 항공사를 말하며, 일반적으로 단일기종의 규모가 작은 중·소형 항공기로 주로 단거리 구간을 운항을 함으로써 항공수요를 창출하는 항공사이다.

미국의 경우, Southwest가 1967년에 설립해 항공운송의 새로운 모델을 창조하였고, 유럽에서 LCC가 시장진입에 성공하여 LCC 항공운송사업이 자리잡게 되었으며, 말레이시아를 비롯한 아시아지역에서도 항공시장에 순조롭게 진입해 제자리를 잡고 그 영역을 넓혀나가고 있다.

표 8-18 저비용항공사(LCC)와 대형 항공사의 비교

특 징	LCC	대형 항공사
브렌드	저운임	운임과 서비스
요금체계	단순요금	복잡한 요금체계
판매	온라인 직접판매	다양한 판매경로(여행사, 온라인 등)
탑승수속	Ticketless	IATA항공권, Ticketless
노선	지점 대 지점(point-to-point)	항공동맹을 통한 코드쉐어링(노선공유)
좌석등급	동일 등급 좌석	다양한 등급 좌석
항공기 운용	매우 높음	노조 협약을 통한 중급 운용
턴어라운드 시간	평균 25분	공항 혼잡이나 인력에 따라 다양
항공기단	단일기종	다양한 기종
좌석	작은 좌석(small pitch)	넓은 좌석(generous pitch)
고객서비스	제한된 서비스	최상의 서비스
운용전략	여객운행에 집중	화물영업도 포함

현재 우리나라의 LCC의 개념은 Full Service Carrier와 달리 간단하고 제한적인 기내서비스 제공 등 저비용 항공운송 서비스 제공에 초점을 맞추고 있어 No-Frills Carrier와 비슷한 개념으로 사용되고 있다. 기존 대형 항공사와 다른 원가구조를 가지고 있는 사업으로서 저비용(Low Cost)에 초점을 둔 명확한 개념으로 사용되어야 하는데 국내에서는 저비용 개념이 명확하게 전달되지 못하고 있는 실정이다.

그림 8-5 LCC의 비용절감 효과

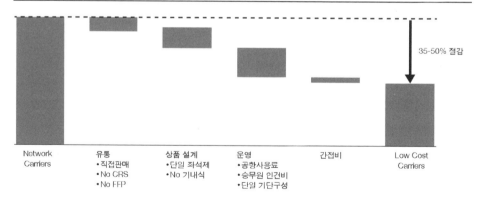

35-50% 절감

Network Carriers

유통
• 직접판매
• No CRS
• No FFP

상품 설계
• 단일 좌석제
• No 기내식

운영
• 공항사용료
• 승무원 인건비
• 단일 기단구성

간접비

Low Cost Carriers

(1) 저비용항공사의 노선운영 특성

① **국내선 및 단거리 위주의 지점 대 지점**(Point to Point) **노선운항**

② **허브 앤드 스포크**(Hub-Spoke)**형 노선운항** : 주로 LCC의 거점 허브공항에 지역 공항으로 운항하는 형태로서 지역공항간 노선운영은 하지 않는다.(예. 국내의 경우 김포, 제주, 김해를 허브로 운영 중이고, 국제선의 경우 인천, 청주공항을 이용하는 경우도 있음)

③ **멀티허브**(Multi Hub)**형 노선운항** : 복수의 허브공항을 운영하는 형태로서 허브 공항간에는 네트워크형태로 노선을 운영하며 지역공항간은 운영하지 않는다. (예. 영국의 라이언에어(Ryanair), 말레이시아의 에어아시아(Air Asia))

④ **네트워크**(Network)**형 노선운항** : 수익성 위주의 노선을 운영하는 형테로서 항공 수요가 높고 수익성이 높은 지역공항간 노선을 운영한다.(예. 미국의 사우스웨스트항공(Southwest Air))

(2) 아시아지역 저비용항공사의 특성

① 북미나 유럽의 저비용항공사와 비슷하게 3~4시간 정도의 단거리 지점간 노선을 운영하며 높은 사업 효율성 및 노동생산성에 강점을 가지고 있다.

② 북미와 유럽과 달리 보조공항, 지역공항이 적어 허브공항을 이용하기 때문에 주요 도시 공항이용료가 비싼 대신 대형항공기를 운영하여 중장거리 및 환승편 등 다양한 노선을 제공한다.

③ 저렴한 인건비를 활용해 부분 부가서비스를 제공하여 비용경쟁력이 높고 일부 2개 이상의 좌석등급을 운영하기도 한다.

(3) 저비용항공사의 대표항공기종

LCC에 적합한 중소형 항공기는 보잉사의 B-737 시리즈와 에어버스사의 A320 패밀리가 있으며 미국 및 아시아 LCC는 B-737 항공기 사용이 많고, 유럽계 LCC는 A320과 B-737를 사용하고 있다. CAPA 자료에 따르면 세계 운용 중인 항공기 28,439대 중에서 보잉사 제작의 항공기가 10,652대로 전체의 37.5%, 에어버스사 제작의 항공기는 7,683대로 27%로 나타났다.

표 8-19 주요 저비용항공사(LCC)의 기종 비교

구 분	B-737 800	A320 200
항공사	보잉(Boeing)	에어버스(Airbus)
시장가	43.44백만 달러	42.30백만 달러
최초 인도년월	1997.07	1988.03
수주/인도(대)	1,427/2,959	6,433/3,420
크 기	동체길이: 39.5m 날개폭: 35.8m 전고: 12.5m	동체길이: 37.5m 날개폭: 34.1m 전고: 11.7m
항속거리	5,650~10,200km	6,900km
경제속도 (최대속도)	823km/h (876km/h)	828km/h (871km/h)
좌석수	2class : 162석 1class : 175석	2class : 150석 1class : 164석
특 징	• 최장수, 최대 판매대수 기종 • 연료효율화, 탄소배출 감소 • 거대한 윙렛 • 타원형 엔진흡입구	• 2011년말 기준 최단기간 최대 판매대수 기록 • 고연비, 저소음, 탄소배출 감소 • 연료절약형 샤크렛 • 향상된 전자장비
운항 항공사	사우스웨스트 항공, 라이언에어, 대한항공, 제주항공 등	에어프랑스, 에어아시아, 이지젯, 유나이티드항공, 젯스타 등
항공기 크기 비교		

(4) 세계 Low Cost Carrier 현황

아시아·태평양항공센터(CAPA)가 2010년 1월 발표한 '세계 저비용항공 전망보고서'(2009)에 따르면 저비용항공사의 전 세계 여객수송비율은 2001년 7.8%에서 2009년 21.7%로 급증하여 승객 5명 가운데 1명은 저비용항공사를 이용했다는 것이고, 1999년 35개에 불과하던 저비용항공사가 현재 162개에 이를 정도로 호황기를 맞고 있다고 발표했다.

표 8-19 지역별 LCC 운영 현황(2017년 3월 말)

구분	국가	항공사 현황	합계
북미	미국	9개	3개국 19개
	캐나다	7개	
	멕시코	3개	
중남미	브라질, 아르헨티나 등	15개	9개국 15개
유럽	영국	9개	21개국 43개
	이탈리아, 독일	4개	
	터키, 스페인	10개	
	기타	20개	
중동	사우디아라비아, 아랍에미리트 등	12개	7개국 12개
아프리카	모로코, 사우스아프리카 등	8개	8개국 14개
아시아	일본	7개	14개국 59개
	인도	8개	
	한국	6개	
	기타	38개	

자료: 항공정보포탈시스템, 2017.

표 8-21 아시아 상위 20개 LCC 현황(주간 좌석 기준)

순위	항공사	국적	공급좌석
1	라이온에어(Lion Air)	인도네시아	660,660
2	에어아시아(Airasia)	말레이시아	469,800
3	제트스타(Jetstar Airways)	호주	423,777
4	인디고(Indigo)	인도	421,380
5	세부퍼시픽(Cebu Pacific Air)	필리핀	348,528
6	스파이스젯(Spice Jet)	인도	308,574
7	스카이마크(Skymark Airlines)	일본	202,842
8	타이에어아시아(Thai Air Asia)	태국	200,880
9	춘추항공(Spring Airlines)	중국	169,824
10	에어필익스프레스(Airphil Ex)	필리핀	149,948
11	인도네시아 에어아시아	인도네시아	140,040
12	지상항공(Juneyao Airlines)	중국	128,256
13	고에어(Go Air)	인도	110,160

14	럭키항공(Lucky Air)	중국	108,644
15	제트라이트(Jet Lite)	인도	107,435
16	타이거항공(Tiger Airways)	태국	93,960
17	제주항공(Jeju Air)	한국	82,840
18	중서항공(China West Air)	중국	82,176
19	에어도(Air Do)	일본	80,724
20	녹에어(Nok Air)	태국	73,530

그림 8-6 주요 지역 LCC 수송 점유율과 글로벌 LCC 집중도

중동(총7개사)

항공사	국적
유피(UP)항공	이스라엘
자지라항공	쿠웨이트
나스에어	사우디아라비아
페가수스항공	터키
에어아라비아	UAE
플라이두바이	UAE
펠릭스항공	예맨

북미(총14개사)

항공사	국적
에어트란샛	캐나다
썬윙	캐나다
웨스트젯	캐나다
인터넷	멕시코
비바에어로버스	멕시코
볼라리스	멕시코
에어트란	미국
얼리전트항공	미국
프론티어항공	미국
제트블루	미국
사우스웨스트항공	미국
스피릿항공	미국
썬컨츄리항공	미국
버진아메리카	미국

유럽(총18개사)

항공사	국적
스마트윙스	체코
트랜스아비아닷컴프랑스	프랑스
저먼윙스	독일
위즈에어	헝가리
와우에어	아이슬란드
라이언에어	아일랜드
에어원	이탈리아
블루파노라마항공	이탈리아
트랜스아비아닷컴	네덜란드
노르웨이안에어셔틀	노르웨이
블루에어	루마니아
블루테아	스페인
브엘링항공	스페인
이지젯스위스	스위스
위즈에서우크라이나	우크라이나
이지젯	영국
플라이비	영국
제트2닷컴	영국

남미(총12개사)

항공사	국적
티티카카항공(예정)	볼리비아
아마조네스항공	볼리비아
아줄브라질리안항공	브라질
골트랜스포르테스에어로	브라질
팔항공	칠레
스카이항공	칠레
에어로산티아고(예정)	칠레
이지플라이	콜럼비아
비바콜럼비아	콜럼비아
페루비안항공	페루
스타페루	페루
울투루사리니아스항공(예정)	페루

오세아니아(총2개사)

항공사	국적
제트스타항공	호주
호주타이거항공	호주

▷ 주요 지역 LCC 수송 점유율

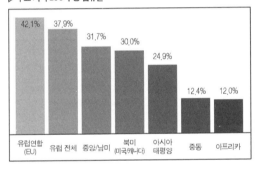

▷ 글로벌 LCC 집중도

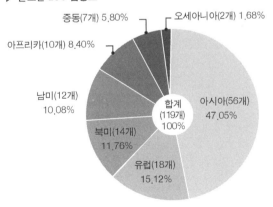

표 8-22 저비용항공사 얼라이언스

유플라이 	설립연도 : 2016년 1월 18일 항공기수 : 116대 취항도시 : 197개 도시 회원항공사 : 홍콩익스프레스, 우루무치항공, 럭키에어, 웨스트에어, 이스타항공(5개사), 세계 최초 저비용항공사간 항공동맹체
밸류얼라이언스 	설립연도 : 2016년 5월 16일 항공기수 : 174대 운항노선 : 160개 회원항공사 : 스쿠트, 타이거에어웨이즈, 바닐라에어, 타이거에어웨이즈호주, 녹크, 세부퍼시픽, 제주항공 (7개사)

항공예약업무

항공산업의 비약적인 발달로 항공기의 대형화가 실현되고 좌석 공급량이 크게 향상되면서 여객의 대량운송이 가능해졌다. 항공기의 대량운송 실현은 저렴한 항공운임으로 여객의 증가로 이어졌고, 항공사에서는 늘어난 좌석을 판매하기 위해 많은 고객을 확보해야 하는 영업상의 관리가 필요하게 되었다. 따라서 항공사는 항공좌석 판매의 효율성 제고와 경영의 합리성을 추구하기 위해 여행사와의 긴밀한 협조와 신뢰를 바탕으로 항공권의 대리판매업무를 위탁하게 되었다.

항공권 판매를 위한 필수적 업무인 항공업무는 크게 예약과 발권으로 구분하고, 항공예약은 항공편을 이용해 여행하는 고객의 기본적인 좌석예약과 여행에 수반되는 각종 부대 서비스의 예약 및 여행정보 등을 제공하는 것을 포함한다.

1. 항공예약업무

1) 항공예약의 목적

항공좌석의 정확한 운용관리와 효율적인 항공권 판매를 통한 이용률 극대화로 항공사의 수입을 제고하고 항공여행객의 편의를 도모하는 데 그 목적이 있다. 항공예약의 기능은 예약관리기능과 예약판매기능으로 나눌 수 있다. 우선 항공 예약관리기능은 항공사의 좌석재고를 관리하는 기능이고, 예약판매기능은 항공여정의 작성과 좌석 예약, 부대 서비스의 예약 및 편의제공, 여행정보 제공, 항공운임의 안내 및 항공권 발권 등의 상품판매기능이다. 항공사의 입장에서 항공예약은 사전에 수요를 예측하고 판매를 촉진하여 수익성의 향상기능을 가지며, 고객의 입장에서는 자신이 요청한 항공여정의 작성과 사전 좌석확보로 최상의 서비스를 제공받을 수 있는 장점이 있다.

2) 항공예약의 순서

① 여행객이나 거래업체로부터 출국일정을 의뢰받으면 국제선일 경우 도중체류지가 있는지 확인하고 여행일정에 맞춰서 PNR(Passenger Name Record)를 작성한다.
② 여행일정이 확정되면 항공사를 선정하여 예약을 하고, 항공요금이 싼 일정 또는 할인혜택이 많은 항공사를 선택하도록 한다.
③ 항공편이 확정되면 항공사에 예약을 요청하여 예약상태를 확인한다.
④ 좌석이 확보되지 못한 경우에는 수시로 점검하여 좌석을 확보하도록 하고, 이미 확보된 좌석은 재확인(Reconfirmation)을 하여 변동상황에 대비한다.
⑤ 단체여행의 경우 예약상태를 면밀하게 점검하여 잔여좌석의 관리 및 변동상황에 대비한다.

3) 항공예약 시 주의사항

항공예약을 할 때에 주의해야 할 사항은 다음과 같다.
① 탑승자의 여권에 있는 영문이름으로 정확히 예약을 한다.
② 동일한 승객에 대해서는 이중예약(Double Booking)을 하지 않는다.
③ 예약을 완료한 후에는 승객의 여권상의 영문이름, 출발일, 항공편수, 출도착시각과 공항 등을 재확인하고 부가서비스(좌석배정, 기내식 요청 등) 요청이 있는지도 확인한다.
④ 승객으로부터 좌석의 취소요청에는 지체 없이 취소하고 일자변경 및 여정의 변경 요청 시에도 최대한 빠른 응대로 변경처리를 한다.
⑤ 항공권 구입시한에 대한 정확한 정보를 안내하고 구입시한을 준수한다.

4) 항공예약좌석의 등급

항공권 판매지역과 항공권 운임수준을 기준으로 공급석을 세분화하고 한정된 공급석을 활용하여 수익을 극대화하기 위해 항공좌석의 등급을 나누어 운영한다.

① **운송등급**(Cabin Class) : 실제 항공권에 설치되어 운영되는 등급으로 고객이 탑승하는 등급을 말하고 보통 일등석(First Class), 비즈니스석(Business Class), 일반석(Economy Class)로 분류하여 운영하고 있다.

② **예약등급**(Booking Clss) : 항공사의 영업정책에 따라 공급 가능한 좌석을 예약등급별로 세분화하여 예약 통계시스템에 반영하여 항공운임의 최적배합으로 운용하는 판매등급을 의미한다.

표 8-23 항공예약좌석등급

등급	일등석(F)	R(Supersonic)
		P(First Class Premium)
		F(First Class)
	비즈니스석(C)	J(Business Class Premium)
		C(Business Class)
	일반석(Y)	Y(Economy Class/Normal)
		K(Economy Class/Excursion)
		M(Economy Class/Promotion)
		G(Economy Class/Group)

5) 컴퓨터예약 시스템(CRS: Computer Reservation System)

CRS는 초기 항공업무의 자동화를 위해 개발되었으며 컴퓨터의 전산 단말기를 통해 항공권의 예약·발권 및 항공운임 조회 및 기타 여행에 관한 종합적인 서비스를 제공하는 기능을 수행하고 있다. 글로벌 CRS인 GDS(Global Distribution System)로는 갈릴레오(Galileo), 월드스팬(Worldspan), 아마데우스(Amadeus), 세이버(Sabre), 아바쿠스(Abacus)가 있다. 우리나라에서는 아마데우스와 제휴한 토파스(Topas)가 개발한 Sellconnect를 대한항공에서 사용하고 있고, 세이버가 아시아나 애바커스를 인수해

아시아나 세이버로 운영되고 있고, 월드스펜과 갈릴레오는 한국에 법인을 설립해 운영하고 있다.

6) 항공예약기록 및 관련코드

(1) 항공예약기록(PNR : Passenger Name Record)

CRS를 통해 고객이 항공좌석을 예약하면 항공예약기록이라 불리는 PNR이 생성된다. 여행사에서는 CRS를 통해 PNR을 치면 자사에서 예약한 기록을 검색할 수 있고, PNR의 구성은 영문성명, 여정, 여행사 연락처, 고객의 연락번호 등 다양한 정보를 포함하고 있으며 생성된 PNR은 기본적으로 고객의 영문이름은 변경할 수 없지만 여정은 변경 가능하고, 예약기록의 분리도 가능하다. 또한 PNR 생성 이후의 모든 변경 및 수정된 내용은 자동으로 시스템에 보관되며 언제든지 히스토리(History)조회가 가능하다.

그림 8-7 항공예약기록(예)

```
--- TST AXR RLR ---
RP/SELK13257/SELK13257          AA/SU   4FEB16/0718Z
YV4YOW
5314-6045
 1.CHEN/YINGXUE  2.ZHANG/XIAOYAN  3.CHEN/HAIYAN
 4.LIU/PEISHAN  5.CHOI/PINGKWAN  6.CHOI/WAILAM
 7 KE1218 Y 11FEB 4 CJUGMP HK6  1335 1440  11FEB  E  K
E/YV4YOW
 8 AP -02-725-1161 GTX SONG/SANGKI
 9 APM 010-5314-6044 SONG/SANGKI
10 APM 010-8428-9656 JEON/HAEYEON GUIDE
11 TK OK01FEB/SELK13256//ETKE
```

(2) 예약코드

전 세계 항공사에서 공통적으로 사용하는 여러 코드는 IATA에서 정해놓고 있으며 항공예약시스템(CRS)을 통해 확인이 가능하다. 예약코드에는 좌석을 최초로 예약할 때에 사용하는 예약코드, 여행사가 요청한 좌석에 대해 항공사가 응답하는 응답코드, 현재의 예약상태를 나타내는 상태코드와 응답코드가 있다.

표 8-24 예약코드의 종류

코드종류	영문약자	의 미
요청코드	NN	Need, 가장 기본적인 예약 요청코드
	LL	Add to waiting List 대기자로 예약할 경우 사용되는 코드
	HS	Have Sold 좌석이용이 가능하다는 의미의 코드
	SS	Sold on Free sale basis 좌석여유로 승객에게 확약해주는 코드
응답코드	KK	Confirming NN으로 요청된 내용이 OK되었음을 통보해주는 코드
	KL	Confirming from waiting List 대기자명단에서 OK되었음을 통보
	UU	Unable-Have waitlisted 요청된 내용이 현재는 불가함을 통보
	UC	Unable to Confirm 대기자도 불가함을 통보
	UN	Unable 요청 항공편이 운항하지 않거나 요청한 서비스가 제공되지 않음
	NO	No Action Taken 요청이 잘못되었거나 기타이유로 조치를 하지 않음
	HX	Have Cancelled 항공사의 요청에 의해 여정이 취소되었다는 코드
상태코드	HK	Holds Confirmed 예약이 확약되어 있다는 코드
	HL	Have Waitlisted 예약이 대기자 명단에 올라가 있는 코드
	RR	Reconfirmed 예약 재확인까지 마친 상태
	HN(PN)	Have Requested 예약이 요청되었으나 아직 응답받지 못한 상태

2. 항공권 발권업무

항공권의 정식 명칭은 "Passenger Ticket and Baggage Check"라고 사용하는데, 기본적으로 항공권이란 여행객과 항공사간에 성립된 계약내용을 표시하고 항공사의 운송약관 및 기타 약정에 의하여 여객운송이 이루어짐을 표시하는 증서이다. 특히 항공권은 운송의뢰인, 즉 승객과 항공사간에 성립된 운송계약의 내용을 표시하고 그에 정한 바에 따라 운송이 항공사의 운송약관 및 특약에 의거하여 행해지는 것을 표시하는 유가증권이다.

1) 항공권의 종류

(1) 실물항공권(Paper Ticket)

종이항공권으로 우리나라는 2008년 6월부터 전자항공권제도를 전면적으로 시행하고 있어 특별한 경우를 제외하고는 실물항공권을 사용하지 않는다. 물론 실물항공권은 발행이 불가능한 구간을 발권해야 할 경우나 승객의 요청이 있는 경우는 일정 수수료를 받고 발행하기도 한다.

① **수기항공권**(MIT : Manually Issued Ticket) : 손으로 항공권에 기재내용을 기입하여 발행하는 항공권으로, 항공사가 발행하는 수기항공권과 BSP 대리점에서 발행하는 수기항공권이 있다.

② **전산항공권**(TAT: Transitional Automated Ticket) : 전산 시스템을 이용하여 승객의 예약기록을 반영해 발행하는 항공권으로 수기가 아닌 항공사에서 발행하는 항공사 TAT와 BSP 대리점에서 발행하는 TAT가 있다.

③ **탑승권 겸용 항공권**(ATB : Automated Ticket & Boarding Pass) : 항공권 자체에 탑승권이 함께 부착되어 있으며 항공권 뒷면에 Magnetic Stripe가 부착되어 있다. 주로 국내선에서 사용하고 있고 국제선인 경우는 고객이 공항에서 직접 항공권을 구입하게 되면 공항에서는 ATB 항공권으로 발행하고 있다.

④ BSP(Bank Settlement Plan Ticket) 대리점항공권 : 은행결제항공권, 즉 BSP제도에 가입한 대리점용 항공권이다. BSP제도란 항공사와 여객대리점간의 업무간편화를 위해 다수의 항공사와 다수의 대리점 사이에 은행이 개입하여 중립적인 항공권을 배포하고 판매대금 및 판매수수료 결제 등의 업무를 담당하는 것이다. 대리점용 항공권에는 항공사명 항공사번호가 인쇄되어 있지 않은 항공권으로 발행하는 시점에 항공사명과 발권번호가 찍혀 발행된다.

그림 8-8 실물항공권(예)

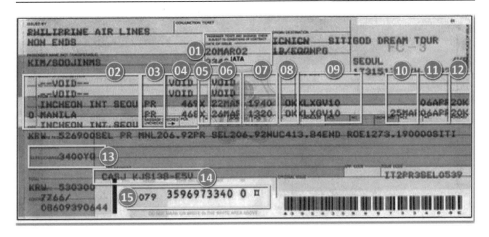

① 발권일자 : 2012년 3월 2일 항공권 발권일. 오른쪽 ICNICN은 출발지와 최종목적지를 표시한 것으로 인천에서 출발에서 인천으로 돌아오는 것을 의미한다.
② 전체 여정 : 여정이 없는 구간은 VOID로 표시. 항공권의 전체여정은 인천-마닐라- 인천이다.
③ 항공사명 : 항공사코드를 나타내고, 세계의 모든 항공사는 IATA(국제항공운송협회)로부터 부여받은 2자리의 고유코드로 항공사명을 대신 사용하는데 대한항공은 KE, 아시아나항공은 OZ, 위 항공권의 PR은 필리핀항공이다.
④ 비행기 운항편명 : 해당 항공권의 고유편명. PR469
⑤ CLASS : 좌석등급. X CLASS
⑥ 출발일 : 22MAR
⑦ 출발시간 : 비행기 출발시간
⑧ 좌석상황(CFM 여부) : OK. 항공권 예약이 이상없이 확정되어 있다.
⑨ 운임의 종류 : 적용된 항공운임의 종류
⑩ MIN DATE : 최소 체류기간
⑪ MAX DATE : 최대 체류기간 / 항공권 유효기간을 나타냄
⑫ BAG 한도 : 무료수하물 허용기준. 위 항공권은 20Kg까지 가능
⑬ TAX(YQ: 전쟁보험료) : 항공요금 이외에 추가로 붙는 각종 세금을 표시
⑭ 지불수단 : CASH & CARD 번호
⑮ 항공권번호

(2) 전자항공권(Electronic Ticket, e - TKT)

종이항공권의 발행 없이 항공사의 데이터베이스에 항공권의 모든 세부사항을 저장하여 승객의 요구에 따라 여정변경·환불·재발행 등 전산으로 자유롭게 조회하고 처리가 가능한 전자항공권이다. 승객은 전자항공권 여정확인서(e-Ticket passenger itinerary & Report)를 팩스나 이메일, 최근에는 스마트폰 메신저를 통해 수령하고 이를 인쇄해 지참하여 공항에서 탑승수속이나 출입국심사, 세관심사 등에 실물항공권처

럼 사용한다.

그림 8-9 전자항공권(예)

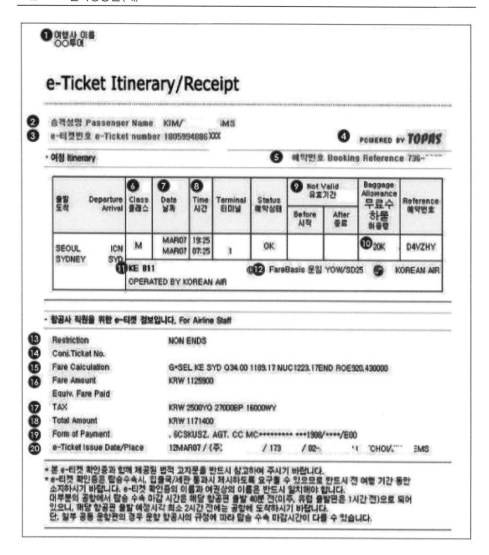

① 여행사이름
② 승객이름 : 여권의 영문이름과 반드시 일치해야 한다.
③ 전자항공권(e-tkt) 번호 : 총 13자리이며 앞의 3자리는 항공사를 의미한다.
④ 항공예약 시스템 : 토파스는 대한항공, 아바쿠스는 아시아나항공에서 사용
⑤ 예약번호(PNR)
⑥ 예약클래스

⑦ 출발날짜와 현지 도착날짜
⑧ 출발시간과 도착시간
⑨ 유효기간
⑩ 무료수하물 허용량
⑪ 항공기번호
⑫ 항공권의 운임
⑬ 항공권의 규정 : NON-ENDS는 NON-ENDORSMENT로 양도 불가한 항공권
⑭ 연결된 티켓
⑮ 항공운임에 관련된 내용
⑯ TAX 제외한 항공료
⑰ TAX : 인천공항세, 전쟁보험료, 현지공항세. 유류할증료는 불포함
⑱ 항공권 금액과 TAX가 포함된 금액 : 공시가격
⑲ 결제방식
⑳ 항공권을 발행한 날짜, 여행사, 담당자

2) 항공권의 일반적인 사항

(1) 유효기간

국제선 항공권의 유효기간은 적용운임에 따라 달라진다. 적용운임이 정상운임의 경우 첫 구간은 발행일로부터 1년이며, 나머지 구간은 여행개시일로부터 1년이나 특별운임은 해당 운임의 규정에 따라 유효기간이 달라지고 최대·최소 체류기간을 함께 제한한다. 유효기간은 '일(day)'과 '월(month)'의 규정에 따라 적용방법이 다르며 '일(day)'로 규정된 경우는 출발일 다음 날부터 계산하고, '월(month)'로 규정된 경우는 출발일로부터 유효기간 만료월의 동일 일자까지 계산한다. 여기서 주의할 점은 출발일 해당 월의 마지막 날인 경우 유효기간 만료월의 마지막 날까지를 유효기간으로 본다는 것이다.

예〉 1개월 유효기간 : 30SEP 출발 -〉31OCT까지 사용가능
    3개월 유효기간 : 30NOV 출발 -〉28(29)FEB 까지 사용가능

(2) 탑승용 쿠폰의 사용순서

항공권에 명시된 여정의 순서대로 사용되어야 한다. 여정의 순서대로 사용하지 않고 즉, 항공권의 최초출발지가 아닌 곳에서 여행을 시작하면 발권한 출발지 화폐로 계산하여 발행하였으므로 공항에서 재계산하여 발행해야 사용가능하다.

(3) 항공권의 양도

한 번 발행된 항공권은 어떠한 경우라서 타인에게 양도가 불가능하며, 항공권의 모든 권한은 실제 탑승하는 승객명(Passenger of Name)란에 명시된 승객에게만 주어진다.

(4) 적용운임 및 통화

운임산출규정에 따라 항공권의 적용운임은 최초 국제선 출발국의 통화로 계산하여 징수하고, 항공운임은 발권 당시의 운임을 적용하는 것이 아니라 여행 최초출발일을 기준으로 한 운임을 적용한다.

3) 세계 주요도시 및 공항코드

지 역	국가명	도시명(공항명)	도시코드(공항코드)
아시아	한 국	Incheon	ICN
		Gimpo	GMP
		Jeju	CJU
		Gwangju	KWJ
		Busan	PUS
		Seoul	SEL
		Daegu	TAE
	일 본	Fukuoka	FUK
		Hiroshima	HIJ
		Kumamoto	KMJ
		Nagoya	NGO
		Nigata	KIJ
		Osaka(Kansai)/(Itami)	OSA(KIX)/(ITM)
		Sendai	SDJ
		Tokyo(Narita)/(Haneda)	TYO(NRT)/(HND)
	중 국	Beijing	PEK
		Changchun	CGQ
		Dalian	DLC
		Guangzhou	CAN
		Harbin	HRB
		Qingdao	TAO

지 역	국가명	도시명(공항명)	도시코드(공항코드)
아시아	중 국	Shanghai	SHA/PVG
		Shenyang	SHE
		Tianjin	TSN
		Hong Kong	HKG
		Macau	MFM
미주	캐나다	Toronto(Pearson International)	YTO(YYZ)
		Vancouver	YVR
	미국	Anchorage	ANC
		Atlanta	ATL
		Boston	BOS
		Chicago(O'hare)/(Midway)	CHI(ORD)/(MDW)
		Honolulu	HNL
		Las Vegas	LAS
		Los Angeles	LAX
		New York(J.F.Kennedy) (Newark)/(La Guardia)	NYC(JFK) (EWR)/(LGA)
		San Francisco	SFO
		Seattle	SEA
		Washington DC (Dulles International) (Washington National)	WAS (IAD) (DCA)
유럽	영 국	London (Heathrow)/(Gatwick) (Stamsted)	LON (LHR)/(LGW) (STN)
	프랑스	Paris(Charles de Gaulle) (Orly)	PAR(CDG) (ORY)
	네덜란드	Amsterdam	AMS
	벨기에	Brussel	BRU
	독 일	Frankfurt	FRA
	스위스	Zurich	ZRH
	이탈리아	Rome(Leonard Da Vinci) (Ciampino)	ROM(FCO) (CIA)
	스페인	Madrid	MAD
		Barcelona	BCN
아시아	우즈베키스탄	Tashkent	TAS
	몽 고	Ulanbator	ULN

지 역	국가명	도시명(공항명)	도시코드(공항코드)
아시아	대 만	Taipei	TPE
	필리핀	Manila	MNL
	베트남	Ho Chi Minh	SGN
	태 국	Bankok	BKK
	말레이시아	Kualalumpur	KUL
	싱가포르	Singapore	SIN
	인도네시아	Jakarta(Soekarko Hatta)	JKT(CGK)
	인도네시아	Denpasar Bali	DPS
	인 도	Delhi	DEL
	쿠웨이트	Kuwait	KWI
	바레인	Bahrain	BAH
남태평양	호 주	Brisbane	BNE
		Sydney	SYD
	뉴질랜드	Auckland	AKL
	괌	Guam	GUM
	사이판	Saipan	SPN
	피 지	Nadi	NAN
아프리카	이집트	Cairo	CAI
	케 냐	Nairobi	NBO
	남아프리카공화국	Johannesburg	JNB

4) 국내취항 항공사코드

AA	American Airlines	아메리칸항공	CI	China Airline	중화항공
AC	Air Canada	에어캐나다	CX	Cathay Pacific	케세이패시픽항공
AE	Mandarin Airlines	만다린항공	CZ	China Southern Airlines	중국남방항공
AF	Air France	에어프랑스	DL	China Easter Airlines	중국동방항공
AI	Air India Limited	인도항공	EK	Emirate Airline	에미레이트항공
AZ	Allitalia Airlines	알리탈리아항공	ET	Ethiopian Airline	에티오피아항공
BA	British Airlines	영국항공	GA	Garuda Indonesia	가루다 인도네시아항공
BR	Eva Airways	에바항공	HA	Hawaiian Airline	하와이안항공
BX	Air Busan	에어부산	HU	Hainan Airline	하이난항공
CA	Air China	중국국제항공	HY	Uzbekistan Airways	우즈백항공

JL	Japan Airline	일본항공	QR	Qatar Airways	카타르항공
KA	Dragon Air	드래곤에어	SC	Shandong Airlined	산동항공
KC	Air Astana	에어아스타나	SQ	Singapore Airlines	싱가포르항공
KE	Korean Air	대한항공	SU	Aeroflot Russia Int'	아에로플로트 러시아항공
KL	KLM Dutch Airline	케엘엠 네덜란드항공	TG	Thai Airways	타이항공
KQ	Kenya Airways	케냐항공	TK	Turkish Airlines	터키항공
LH	Lufthansa	로프트한자 독일항공	TW	T'way Air	티웨이항공
LJ	Jin Air	진에어	TZ	Scoot	스쿠트항공
MF	Xiamen Airlines	하문항공	UA	United Airlines	유나이티드항공
MH	Malaysia Airlines	말레이시아항공	VJ	VietJet Air	비엣젯항공
MU	China Eastern Airlines	중국동방항공	VN	Vietnam Airlines	베트남항공
NH	All Nippon Airways	전일본공수	ZA	SKY Angkor Airlines	스카이 앙코르항공
NX	Air Macau	에어마카오	ZE	Eastar Jet	이스타항공
OK	Czech Airlines	체코항공	ZH	Shenzhen Airlines	심천항공
OM	Mongolian Airlines	미아트 몽골라인항공	ZV	V-Air	브이에어
OZ	Asiana Airlines	아시아나항공	3U	Sichuan Airlines	사천항공
PR	Philippine Airlines	필리핀항공	5J	Cebu Pacific	세부 퍼시픽항공
QF	Qantas Airways	콴타스항공	7C	Jeju Air	제주항공

항공관련 용어

① Through Check-in : 단일 항공편으로 여정이 끝나지 않고 연결항공편을 가지고 있는 여행자가 수하물을 처음 출발수속시 최종항공편의 목적지까지 한번에 부치는 것을 말한다.

② Transfer : 중간기착지에서 다른 비행기로 갈아타는 것을 의미한다. 기내에 두고 온 물건이 없도록 주의하고, 짐이 없어지는 경우가 있으니 baggage tag을 확인해야 한다. 보통 다시 탑승권을 받을 필요가 없다. 그러나 다시 탑승권을 받아야 하는 경우도 있으니, 방송과 Transfer 사인을 잘 보고 이동해야 한다.

③ Transit : 중간기착지에서 잠시 내렸다가 같은 비행기를 타고 목적지까지 가는 것을 의미하며, 공항 밖으로 나가지 않고 비행기를 갈아타는 것으로 면세구역에서 대기하는 것을 말한다. 경유시간이 너무 짧으면 비행기를 갈아타기가 불가능하고, 또 너무 길면 기다리는 시간이 많아 지루해진다. 24시간을 기준으로

그 이내이면 Transit이고, 그 이상이면 Stop-over로 분류되며, 스탑오버인 경우 공항이 있는 도시에서 시내관광을 할 수 있는 장점이 있으나, 항공사에 따라 비용을 내는 경우도 있다.

④ NO Show : 항공권을 구입하고 예약확인도 한 승객이 사전에 예약취소 없이 공항에 나타나지 않아 탑승하지 않는 것을 말한다. 호텔의 경우에도 예약하고 사전통보 없이 객실을 이용하지 않는 경우를 NO Show라고 부른다.

⑤ UM(Unaccompanied Minor) : 최초여행일 기준 만 3개월 이상 만 12세 미만의 유아 나 소아가 성인 동반 없이 혼자 여행하는 것을 말한다.

제9장
수속업무

여권의 이해

여권(Passport)은 각국이 여권을 소지한 여행자에 대하여 자국민임을 증명하고 여행의 목적을 표시하여 자국민이 해외여행을 하는 동안 편의와 보호에 대한 협조를 받을 수 있도록 하기 위해 발급된다. 따라서 여권은 해외여행을 할 때 반드시 필요한 것이며 대한민국 정부가 외국으로 출국하는 사람에 대한 신분을 증명하고 외국에 대해 여행자를 보호하고 구조를 요청하는 일종의 공문서이다.

2008년 8월 25일부터 정부는 여권의 위조 등 악용가능성을 원천적으로 최소화하기 위해 여행사의 여권발급 대행업무를 금지시키고 본인이 직접 신청하도록 제도를 개선하였다. 여권은 본인의 신분을 증명하는 '신분증명서'로서의 기능을 가지고 있어 철저한 관리가 필요하고, 분실된 여권을 제3자가 습득하여 위조·변조 등 나쁜 목적으로 사용할 경우 분실한 사람에게 막대한 피해가 돌아갈 수 있다.

현재 발급되고 있는 여권은 비접촉식 IC칩을 내장하여 바이오 인식정보(Biometric Data: 얼굴, 양손 검지지문)와 신원정보(성명, 여권번호, 생년월일 등)를 저장한 전자여권(Electronic Passport)이다. 전자여권의 도입 기본 취지는 여권 위·변조 및 여권 도용 방지를 통해 여권의 보안성을 극대화하여, 궁극적으로 해외를 여행하는 우리 국민들의 편의를 증진시키는 데 있다.

여권발급 대리신청제도의 폐지로 여행사에서는 여권수속업무는 더 이상 진행하지는 않지만 해외여행 시 여권의 유무와 종류 등은 반드시 여행객에게 확인해야 할 중요한 업무이므로 여행사에서 여권발급과 관련된 사항을 자세히 숙지하고 있어야 한다.

1. 여권의 종류

여권의 종류는 일반여권·관용여권·외교관여권 등으로 구분되며, 여권의 유효기간에 따라 복수여권·단수여권·여행증명서 등으로 분류하고 있다.

복수여권(PM : Multiple Passport)은 유효기간이 10년으로 기간 내에 횟수에 제한 없이 여행을 할 수 있으나 만 18세 미만 또는 만 18세 이상의 병역미필자는 유효기간이 5년 이내의 복수여권이 발급된다.

단수여권(PS:Single Passport)은 유효기간이 1년이며, 1년 안에 1회에 한하여 여행을 할 수 있고, 유효기간이 남아 있더라도 한 번 사용한 여권은 사용할 수가 없다. 관용여권(PO : Official Passport)과 외교관여권(PD : Diplomatic Passport)의 발급대상자는 대통령으로 정하고, 유효기간은 5년 이내다. 관용여권은 공무원 및 정부투자기관의 임직원이 공무상 해외여행 시에 사용하는 여권이고, 외교관여권은 말 그대로 외교관의 신분으로 해외공관에 주재하려 하거나 외교관의 업무수행으로 여행하는 자에게 발급된다.

여행증명서(PT:Travel Cergificate Passport)는 정규여권을 발급받을 시간적 여유가 없고 긴급히 여행해야 할 필요가 있는 경우 예외적으로 발급하는 여권에 갈음하는 증명서로서, 유효기간은 1년 이내로 여행목적 달성시 효력이 상실된다. 또한 여행증명서는 해외여행시 여권을 분실했을 때 임시로 귀국하기 위해서도 발급된다.

표 9-1 여권의 종류

구 분	종 류	유효기간에 따른 분류
기본여권	일반여권	단수여권(1년), 복수여권(5년, 10년)
	관용여권	유효기간 5년
	외교관여권	유효기간 5년
특수여권	문화여권	
	가족동거여권	
	해외이주(이민)여권	5년
	유학여권	5년
	취업여권	
여권대용문서	여행증명서(Travel Certificate)	

2. 여권의 구비서류와 발급절차

일반여권을 발급받으려면 여권발급신청서, 여권용 사진(6개월 이내 여권용으로 촬영, 제복·군복·흰색의상 착용금지), 신분증과 그 밖의 병역관계서류 등 외교부령으로 정하는 서류를 제출한다.

표 9-2 여권발급 추가구비서류

구 분	추가구비서류
미성년자	친권자의 여권발급동의서 및 인감증명서, 대리인의 신분증
25~37세 병역대상자 또는 대체의무복무자	국외여행허가서(병무청 발행)
현역군인·군무원	국외여행허가서(소속부대장 발행)
6개월 이내 전역예정자	전역예정일이 명시된 복무확인서 또는 전역예정증명서
6개월 이내 대체의무 복무해제예정자	의무해제일이 명시된 복무확인서 또는 병적증명서

여권을 발급하려면 신청처와 구비서류를 작성해서 각 지방자치단체 여권과에 접수하면 전산망을 통해 각 지방경찰청 정보과 신원반에서 신원조회를 하고, 신원조회에 이상이 없다는 회보가 뜨면 제출한 서류를 심사하여 여권발급규정에 위배된 사항이 없는지 확인한다. 이후 한국조폐공사로 여권 신청 정보가 전송되어 여권을 제작하며, 특수운송차량(현금운송차량)으로 해당 지방자치단체로 배송되면 여권을 교부받을 수 있다.

그림 9-1 여권의 발급절차

3. 여권의 활용과 여권발급수수료

① 환전할 때

② 비자신청과 비자 발급

③ 출·입국수속와 항공기 탈 때

④ 면세점에서 면세상품을 구매할 때

⑤ 국제운전면허증을 만들 때

⑥ 여행자수표로 지불할 때

⑦ 렌터카 빌릴 때

⑧ 출국 때 병역의무자가 병무신고를 할 때와 귀국신고를 할 때

⑨ 해외여행 중 한국으로부터 송금된 돈을 찾을 때

⑩ 호텔 체크인 할 때

표 9-3 여권발급수수료

종 류	구 분			여권발급 수수료			국제교류기여금		합 계	
				국내		재외 공간	국내	재외 공간	국내	재외 공간
전자여권	복수여권 (거주여권 포함)	5년	10년	48면	38,000원	38불	15,000원	15불	53,000원	53불
				24면	35,000원	35불			50,000원	50불
			18세 미만 8세 이상	48면	33,000원	33불	12,000원	12불	45,000원	45불
				24면	30,000원	30불			42,000원	42불
			8세 미만	48면	33,000원	33불	-		33,000원	33불
				24면	30,000원	30불			30,000원	30불
		5년 미만		24면	15,000원	15불	-	-	15,000원	15불
	단수여권	1년			15,000원	15불	5,000원	5불	20,000원	20불
사진부착식 여권	단수여권	1년			10,000원	10불	5,000원	5불	15,000원	15불
기 타	여행 증명서	사진전사식			10,000원	10불	2,000원	2불	12,000원	12불
		사진부착식			5,000원	5불	2,000원	2불	7,000원	7불
	남은 유효기간 부여 여권			48면 24면	25,000원	25불	-	-	25,000원	25불
	기재사항변경				5,000원	5불	-	-	5,000원	5불
	여권사실증명				1,000원	1불	-	-	1,000원	1불

제 2 절

비자수속업무

1. 비자(Visa)의 개념

비자란 사증(査證)이라 부르며 방문국 정부를 대리하는 해외공관(대사관 또는 영사관 등)이 입국을 허가해주는 입국허가증이다. 방문자가 소지한 여권의 유효기간과 방문자의 입국 및 체재에 대해 타당성을 심사하여 허가를 해주고 여권을 소지하고 있다고 해서 어느 나라든 입국 가능한 것은 아니며, 특정 국가에 입국하기 위해서는 그 나라에서 발급하는 비자가 필요하다. 따라서 여행객은 여행계획을 세우고 방문하고자 하는 국가가 결정되면 비자발급이 필요한지를 반드시 확인해야 한다.

일반적으로 개인이 비자를 발급받으려면 여러 가지 번거로운 점이 많아 주로 여행사에 의뢰하여 비자발급을 받고 있어 여행사는 여행객의 비자발급을 대행하고 대행수수료를 받아 수익을 창출한다. 그러나 패키지여행에 참가하는 여행객들의 비자대행을 할 경우에는 보통 실비(비자인지대)만 청구하고 서비스차원에서 그 업무를 진행한다. 물론 비자대행만을 의뢰할 경우에는 수수료를 청구한다.

일반적으로 비자에는 입국목적·체류기간·유효기간 등이 명시되어 있고, 여권의 사증란에 스탬프를 찍고 영사의 서명으로 표시하는 스탬프형, 비자 스티커를 붙여 인증하는 스티커형, 별도의 서류를 발급해주는 별지 비자형이 있다.

주의할 점은 비자가 발급되었다고 해서 방문국의 입국이 절대적으로 보증되는 것은 아니다. 왜냐하면 방문국에 도착하여 공항에서 출입국을 담당하는 심사관이나 방문국의 법규에 따라 입국에 대한 최종 결정을 하기 때문에 비자를 소지하고 있어도

입국이 불허될 수도 있다.

2. 비자의 종류

(1) 사용횟수에 의한 분류

① **단수비자**(Single entry visa) : 1회 입국하여 출국하면 효력이 상실되는 비자
② **복수비자**(Multiple entry visa) : 유효기간 내에 몇 번이라도 입·출국이 가능

(2) 여행목적 및 체류기한에 의한 분류

① **입국비자**(entry visa) : 해당국에 입국하는 것을 목적으로 하는 경우에 교부되는
   비자로서 방문·관광·상용·유학·취업·이민 등으로 구분한다.
② **통과비자**(transit visa) : 경유비자라고도 하고, 여행객이 최종 여행목적지로 가는
   과정에 필요에 의해 도중경유지에 들리는 경우 해당 경유국에서 발급해주는
   비자

3. 사증면제제도(Visa Waiver Agreement)

국가간 이동을 위해서는 원칙적으로 비자(사증), 즉 입국허가가 필요하다. 비자를
받기 위해서는 방문국 대사관이나 영사관을 방문하여 방문국가가 요청하는 서류 및
비자수수료를 지불해야 하며 경우에 따라서는 인터뷰를 실시하기도 한다. 반면 사증
면제제도란 이런 번거로움을 없애기 위해 국가간 협정이나 일방 혹은 상호조치에 의
해 사증 없이 방문국에 입국할 수 있는 제도이다.

2014년 1월 기준 사증면제협정에 의해 일반여권으로 무사증입국이 가능한 국가는
독일·프랑스·이스라엘·태국·튀니지 등 65개국이 있고, 일방 혹은 상호주의에
의해 입국이 가능한 국가 또는 지역은 50개이며, 2015년 10월 현재 기준으로 사증면
제협정 체결국가는 104개 국가이다. 비자상호면제협정이 체결된 국가라 하더라도 취
업·거주·상사주재·취업·동거·유학·연수 등을 목적으로 입국할 때에는 비자
를 발급받아야 하므로 사전에 반드시 확인해야 한다.

표 9-4 사증(VISA) 면제 안내표

면제기간		대상국가
15일		베트남, 라오스
16일		모리셔스
30일		필리핀, 인도네시아, 파라과이, 콩가, 카타르, 튀니지, 세이셸, 오만, 팔라우, 키리바시, 아랍에미리트, 남아프리카공화국, 투발루, 브루나이, 마샬군도, 마크로네시아, 몽골(2년내 4회, 통산10회 이상 입국자한정)
45일		괌, 북마리아나연방(사이판)(전자여행허가 신청시 90일 체류가능)
60일		레소토, 사모아, 키르기즈, 스와질란드, 카자흐스탄(1회 최대 연속체류 30일, 180일 중 60일 협정)
90일	아주 대양주	대만, 싱가포르, 태국, 마카오, 홍콩, 말레이시아, 일본, 뉴질랜드, 솔로몬군도, 바누아투(120일), 피지(120일)
	미주	가이아나, 과테말라, 그레나다, 니카라과, 멕시코, 도미니카(공화·연방), 미국(출국 전 전자여행허가신청 필요), 칠레, 코스타리카, 바베이도스, 바하마, 베네수엘라, 브라질, 세인트루시아, 세인트빈센트그레나딘, 세인트키츠네비스, 수리남, 콜롬비아, 트리니다드토바고, 파나마, 아르헨티나, 아이티, 안티구아바부다, 에콰도르, 엘살바도르, 온두라스, 우루과이, 자메이카, 페루, 벨리즈
	유럽	그리스, 네덜란드, 노르웨이, 덴마크, 독일, 라트비아, 룩셈부르크, 몰타, 벨기에, 스웨덴, 스위스, 스페인, 슬로바키아, 슬로베니아, 오스트리아, 이탈리아, 체코, 포르투칼, 폴란드, 프랑스, 핀란드, 리투아니아. 아이슬란드, 헝가리, 리히텐슈타인, 에스토니아, 루마니아, 마케도니아, 모나코, 몬테네그로, 몰도바, 불가리아, 세르비아, 보니아헤르체고비나, 사이프러스, 산마리노, 아일랜드, 안도라, 알바니아, 우크라이나, 코소보, 크로아티아, 터키, 조지아(360일), 러시아(1회 최대 연속체류 60일, 180일 중 누적 90일 협정)
	중동 아프리카	모로코, 라이베리아, 이스라엘, 보츠와나, 세네갈(365일)

주: 캐나다·영국 : 상호 합의에 의해 6개월간 사증면제
출처: 외교부 해외안전여행(http://www.0404.go.kr)

4. 무비자통과(TWOV : Transit Without Visa)

일반적으로 외교관계가 수립되어 있는 국가간에만 적용되고, 사증의 상호면제협정과는 그 내용이 약간 다른 개념이다. 무비자통과란 목적지가 제3국인 통과여행객이 항공기 연결 등을 위해 정식 비자를 받지 않더라도 여행객이 일정 조건을 갖추고 있으면 입국 및 일시적 체류를 허가하는 제도이다. 그 조건으로는 제3국으로 여행할

수 있는 예약확인된 항공권(일부 국가는 return ticket도 가능)의 소지자로 제3국으로 여행할 수 있는 여행서류를 구비하고 있어야 한다.

　미국은 9·11테러 이후 TWOV 프로그램을 폐지하고 비자면제 프로그램 VWP(Visa Waiver Program)[6]를 운영하고 있다. 미국에 방문하기 위해서는 비자를 발급받거나 '전자여행허가(ESTA: Electronic System of Travel Authorization)'를 취득해야 한다. 우리나라는 2008년 이전에는 주한미국대사관을 방문해 인터뷰 등의 복잡한 절차를 거쳐 비자를 발급받아 오다 2008년 11월 17일 미국의 '비자면제프로그램(VWP : Visa Waiver Program)'에 가입함으로써 인터넷에서 간단한 등록절차를 거쳐 전자여행허가(ESTA: Electronic System of Travel Authorization)를 발급받는 것만으로도 비자 없이 미국을 방문하게 되었다.

---

6) 미국정부가 지정한 국가의 국민에게 최대 90일간 비자 없이 관광 및 상용 목적에 한하여 미국방문을 허용하는 제도로서 우리나라는 2008년 11월 17일부터 WWP가 적용되어 우리 국민의 무비자 미국방문이 가능해졌다.
　한 번 WWP 가입국이 되었다고 해서 그 지위가 계속 유지되는 것은 아니며, 미국정부에서 2년마다 출입국관리 및 여권관리 현황, 불법체류 및 입국거부자 숫자 등을 감안하여 가입국의 지위연장 여부를 결정하고 있다.
　WWP 이용절차:전자여권 발급 → 전자여행허가제도(ESTA) 사이트 접속(https://esta. cbp.dhs.gov/esta) → 신상정보, 여행계획 정보입력후 허가 신청 → 신청번호 확인(반드시 기억해야 함)→ 입국허가 통지 확인 → 출국

그림 9-2 미국비자 샘플

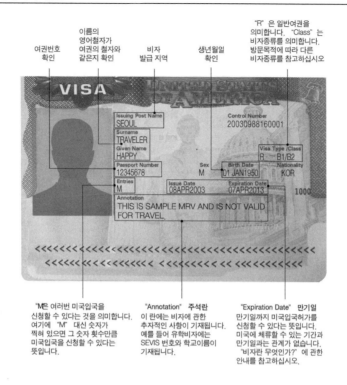

여권번호 확인

이름의 영어철자가 여권의 철자와 같은지 확인

비자 발급 지역

생년월일 확인

"R" 은 일반여권을 의미합니다. "Class" 는 비자종류를 의미합니다. 방문목적에 따라 다른 비자종류를 참고하십시오

"M"은 여러번 미국입국을 신청할 수 있다는 것을 의미합니다. 여기에 "M" 대신 숫자가 찍혀 있으면 그 숫자 횟수만큼 미국입국을 신청할 수 있다는 뜻입니다.

"Annotation" 주석란 이 란에는 비자에 관한 추자적인 사항이 기재됩니다. 예를 들어 유학비자에는 SEVIS 번호와 학교이름이 기재됩니다.

"Expiration Date" 만기일 만기일까지 미국입국허가를 신청할 수 있다는 뜻입니다. 미국에 체류할 수 있는 기간과 만기일과는 관계가 없습니다. "비자란 무엇인가?" 에 관한 안내를 참고하십시오.

그림 9-3 중국비자 샘플

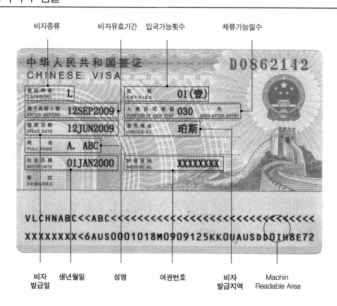

비자종류

비자유효기간

입국가능횟수

체류가능일수

비자 발급일

생년월일

성명

여권번호

비자 발급지역

Machin Readable Area

제 3 절

출입국수속 업무

출입국수속은 여행객의 안전보장, 국민보건과 국가안보 유지, 국익의 도모 등을 위해 여행객이 출입국시 반드시 일정한 절차에 따르게 하는 국제간 왕래의 필수적인 절차이다. 국경을 넘어 공항이나 항만을 통해 출입국할 때 일반적으로 이루어지는 출입국 심사과정을 CIQ라고 하는데, 세관(Custom), 출입국(Immibration), 검역 (Quarantine)의 첫 글자를 딴 것으로 모든 나라의 심사과정은 유사하다.

그림 9-4 출국수속절차

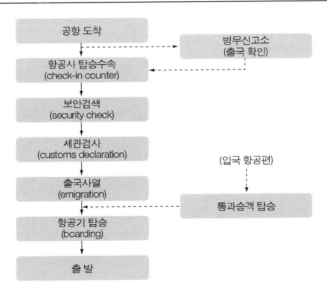

1. 출국수속

우리나라의 국제선 출국수속절차는 공항도착 → 항공사 탑승수속 → 보안검색 → 세관검사 → 출국사열 → 항공기 탑승 → 출발의 순서로 진행된다.

1) 공항도착

통상적으로 국제선인 경우 비행기 이륙 2~3시간 전에 미리 공항에 도착한다.

2) 탑승수속

자신이 예약한 항공사의 체크인 카운터를 찾아가서 탑승수속절차를 밟는다. 탑승수속 절차는 첫째, 항공사 카운터에 여권과 항공권을 제시하면 카운터직원에게 승객의 여권과 비자 유무 및 유효기간을 확인받으며 좌석을 배정받고 탑승권(Boarding Pass)을 받는다. 항공권은 국적항공사인 경우는 e-tkt을 출력해가지 않아도 탑승수속이 가능하나 일부 외항사인 경우 e-tkt을 요구할 수 있으므로 e-tkt을 출력해 준비하는 것이 좋다. 이때 승객은 여행가방·물품 등 수하물을 탁송하며, 기내에 가지고 들어갈 수 있는 짐을 제외한 짐은 좌석배정시에 부치게 된다. 위탁한 수하물표(Baggage claim tag)는 받아서 자신의 항공편과 목적지가 맞는지 확인하고, 여행목적지에 도착 후 수하물을 인도받을 때까지 보관해야 한다. 왜냐하면 수하물표는 수하물의 파손·분실 등 사고발생시에 중요한 증빙자료가 되며 여행목적지 입국 후 공항을 나갈 때 수하물표를 수거하기도 하므로 반드시 보관해야 한다. 또한 수하물 중에 세관신고가 필요한 경우에는 세관신고대에 가서 반드시 신고하며, 타인이 수하물 운송을 부탁할 경우는 마약류의 대리운송 등의 사고위험이 있으므로 반드시 거절해야 한다.

무료수하물의 허용량은 항공사·노선·좌석등급별로 다르므로 해당 항공사에 미리 문의하고 확인하는 것이 좋다. 무료수하물의 허용량을 초과할 경우 항공사의 규정에 따라 추가요금을 지불해야 하고, 어떤 경우는 운송이 거절될 수도 있다.

그림 9-5 무료 위탁수하물허용량

구 분	미주 구간	유럽, 아시아 등 미주 이외 지역(괌, 팔라우 포함)
일등석	32kg + 32kg + 32kg	32kg + 32kg + 32kg
프레스티지석	32kg + 32kg	32kg + 32kg
일반석	23kg + 23kg	23kg
소아	성인 규정과 동일	
유아	가방 1개(3변의 합이 115cm/45in, 무게는 10kg/22lb 이하	

〈대한항공 무료 수하물허용량〉

좌석등급	퍼스트 클래스 (성인, 소아)	비즈니스 클래스 (성인, 소아)	이코노미 클래스 (성인, 소아)	Infant (유아)
허용량	무게: 32kg(70lbs) 이내 크기: 3변의 합 158cm 이내 허용 개수: 3개	무게: 32kg(70lbs) 이내 크기: 3변의 합 158cm 이내 허용 개수: 2개	무게: 23kg(50lbs) 이내 크기: 3변의 합 158cm 이내 허용 개수: 2개	무게: 23kg(50lbs) 이내 크기: 3변의 합 158cm 이내 허용 개수: 1개+접을 수 있는 유모차, 유아운반용 요람, 유아용 카시트 중 1개 추가 가능

〈아시아나항공 미주 무료 수하물허용량〉

좌석등급	퍼스트 클래스 (성인, 소아)	비즈니스 클래스 (성인, 소아)	이코노미 클래스 (성인, 소아)	Infant (유아)
허용량	무게: 32kg(70lbs) 이내 크기: 3변의 합 158cm 이내 허용 개수: 3개	무게: 32kg(70lbs) 이내 크기: 3변의 합 158cm 이내 허용 개수: 2개	무게: 23kg(50lbs) 이내 크기: 3변의 합 158cm 이내 허용 개수: 1개	무게: 23kg(50lbs) 이내 크기: 3변의 합 158cm 이내 허용 개수: 1개+접을 수 있는 유모차, 유아운반용 요람, 유아용 카시트 중 1개 추가 가능

〈아시아나항공 미주외 지역 무료 수하물허용량〉

허용 규격
무게: 10kg(22lbs) 이내
크기: 3변의 합 115cm 이내
각 면의 최대치: A 55cm, B 40cm, C20cm

손잡이와 바퀴 포함

좌석등급	대한항공		아시아나항공	
	일등석 프레스티지석	일반석	퍼스트 클래스 비즈니스 클래스	이코노미 클래스
개수	🧳🧳	🧳	🧳🧳	🧳
총 무게	18kg/40lb	12kg/25lb	20kg/44lb	10kg/22lb

〈기내 무료 수하물 허용규격 및 항공사별 허용량〉

3) 보안검색

보안검색의 목적은 항공기의 안전운항과 여객의 생명·재산을 보호하며 외환 밀반출검색에 있다. 출국장 입구로 들어가면 보안검색대 앞에서 순서대로 줄을 서서 기다려 자신의 차례가 되면 신체검색과 휴대수하물검색을 받는다. 휴대수하물검색은 X-ray 검사대 위에 올려놓고, 기타 소지품은 모두 꺼내어 검색을 받으며 신체검색으로는 금속탐지기를 통과한다.

4) 세관신고

출국시에 세관신고 안내데스크에 '휴대물품 반출신고'를 해야 하고 일반여행객의 경우 각종 수하물이 세관심사의 대상이 되며, 여행목적지 국가의 현지화폐 소지 여부, 문화재 반출, 외환 과다보유 등에 대한 규정이 국가별로 상이하므로 방문국의 세관규정에 대한 정보를 사전에 확인하고 준비해야 한다.

만약 물품을 신고하지 않고 출국할 경우 입국시에 해외에서 구입한 것으로 간주되어 과세 등의 불이익을 당하게 된다. 또한 우리나라 국민은 미화 1만 달러를 초과하는 금액을 휴대반출할 경우 세관 외환신고대에 신고해야 한다.

표 9-5 기내반입 액체 및 젤류의 휴대제한범위

범 위	내 용
기내반입 금지물품	• 액체 : 물, 음료, 소스, 로션, 향수 등 • 분무 : 스프레이류, 탈취제 등 • 젤 : 시럽, 반죽, 크림, 치약, 마스카라, 액체·고체 혼합류 등 그 외 실온에서 용기에 담겨 있지 않으면 형태유지불가 물품
기내반입 가능물품	• 모든 물질이 개당 100㎖ 이하 용기에 들어있으면서 모든 용기를 1L 투명봉투 한 장에 담고, 완전 밀봉한 경우 • 처방전 있는 의약품, 처방전 있는 처방음식, 시판약품, 의료용구 • 검색시 보안요원에게 별도 제시 필요
면세점에서 구입한 물품	• 면세점에서 발행한 영수증이 부착되어 투명봉인봉투에 밀봉된 경우, 용량에 무관하게 기내반입 가능 • 최종 목적지행 항공기 탑승 전까지 개봉하지 않아야 함

그림 9-6 항공기 객실내 휴대반입 가능한 비닐봉투 포장

<항공기 객실 내 휴대반입 가능한 비닐봉투 포장 사례>
액체, 젤류 등이 담긴 100㎖ 이하의 용기가 1ℓ 이하의 투명 비닐봉투에 지퍼락이 잠길
정도로 적당량 담긴 경우

5) 출국심사

출국심사는 출국심사대에서 여권과 탑승권을 제출하고 여행방문국 또는 경유국이
있는 경우 유효한 입국비자 소지여부를 확인하는 것이다. 출국자격을 심사한 후에는
여권에 출국이 확인된 출국허가 스탬프를 찍어 여권을 돌려준다. 우리나라는 2008년
6월부터 자동출입국심사제도를 도입해 사전에 지문 정보를 등록한 17세 이상의 국
민 및 등록승무원에게 신속·편리한 출입국심사를 제공하고 있다. 주민등록증이 없
는 만 14세 이상 17세 미만의 국민인 경우는 부모의 동의를 받고 부모와 동반하는
경우도 가족관계서류를 제출하면 이용 가능하다.

2015년에는 그 대상범위를 넓혀 재외국민과 등록외국인도 여권자동 판독이 가능한 복수여권을 소지한 경우는 자동출입국심사를 활용할 수 있다. 현재 한국의 자동출입국심사 시스템은 SES(Smart Entry Service)로 부르며, 심사관의 대면심사대신 자동출입국심사대를 이용해 약 12초 이내에 출입국심사를 마치는 편리한 제도이다.

그림 9-7 자동출입국심사 사전등록절차

〈사전등록절차〉

1. 구비서류: 여권 → 2. 등록센터 방문 →
3. 신청 및 심사 → 4. 지문등록 및 사진촬영

〈심사절차〉

4. 심사완료
3. 안면촬영
2. 지문인증
1. 여권인식

그림 9-8 자동출입국심사와 자동출입국심사대 설치장소

출처: 출입국외국인정책본부(http://www.immigration.go.kr)

6) 검역증명서

일반적으로 특별한 전염병 지역으로 여행을 가는 경우를 제외하고는 출국시 검역 절차는 생략하는 추세이나 방문국에 따라 국제공인 예방접종증명서(Yellow Card, Vaccination Card)를 확인하는 경우가 있으므로 반드시 사전에 확인하고 필요한 검역증명서를 발급받도록 한다.

표 9-6 황열 예방접종이 필요한 국가

아프리카			아메리카
앙골라	가봉	상투메프린시페	아르헨티나
베닝	감비아	세네갈	볼리비아
브루키나파소	가나	소말리아	브라질
부룬디	기니	수단	콜롬비아
카메룬	기니비소	탄자니아	에콰도르
중앙아프리카공화국	케냐	토고 우간다	프랑스령기아나
차드	라이베리아		가이아나
콩고	말리		파나마
코트디부아르	모리셔스		파라과이
콩고민주공화국	니제르		페루
적도기니	나이지리아		수리남
에디오피아	르완다		트리니다드토바고
	시에라리온		베네수엘라

표 9-7 국제공인 예방접종증명서 요구국가

앙골라	코트디부아르	말리
베닝	콩고민주공호국	니제르
부르키나파소	프랑스령기아나	르완다
부룬디	가봉	상투메르린시페
카메룬	가나	시에라리온
남아프리카공화국	기니비소	토고
콩고	라이베리아	

자료: 질병관리본부 해외여행질병정보센터(http://travelinfo.cdc.go.kr)

7) 탑승

탑승수속시 받은 탑승권과 보세구역의 운항정보 모니터를 확인해 보면 항공편의 탑승구(Boarding Gate) 확인이 가능하고, 보통 항공기 출발시간 30분 전까지 탑승구 앞에서 대기한다. 항공사 직원의 안내에 따라 탑승권에 배정받은 지정된 좌석을 찾아가 탑승하고 탑승은 항공기 출발 10분전에 마감된다.

2. 입국수속

입국수속은 출국수속절차와 반대로 진행이 되며, 입국승객은 여행목적지 국가의 규칙에 따라 입국수속을 해야 한다. 입국순서는 검역심사 → 입국심사 → 세관검사 순으로 진행된다.

보통 각국의 입국심사대는 입국자의 국적에 따라 자국민(Residents)과 외국인 (Foreingner) 창구로 구분되어 있고, 시기와 공항별로 상황 및 사정이 다르지만 입국심사에 많은 시간이 소요된다. 따라서 입국심사를 기다리는 동안 여권 및 입국신고서와 세관신고서를 준비해 기록이 누락된 것이 없는지 체크해본다. 입국심사는 기본이 한 사람씩 이루어지나 유아나 어린이 동반 시에는 부모와 자녀가 같이 심사를 받는 경우도 있다. 입국심사관은 체재일수·방문목적·숙박호텔 등에 관한 간단한 질문을 하고 여권에 입국을 허락하는 스탬프를 찍어준다.

그림 9-9 입국소속절차

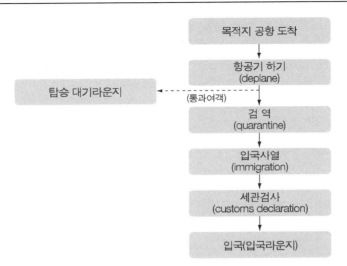

목적지 공항 도착

↓

항공기 하기
(deplane)

탑승 대기라운지 ←------ (통과여객)

↓

검 역
(quarantine)

↓

입국사열
(immigration)

↓

세관검사
(customs declaration)

↓

입국(입국라운지)

여행보험업무

1. 여행보험의 개념

여행보험이란 여행을 위해 주거지를 출발하여 여행을 마치고 주거지에 도착할 때까지 우연히 발생한 사고로 인한 사망·부상·질병 등으로 입은 각종 손해를 보상하는 종합보험이다. 여행보험은 일반 보험과는 다른 특성을 가지고 있다.

첫째, 여행객만을 대상으로 하는 보험으로 여행일정기간 내에 발생한 위험만을 담보하고 여행이 끝나고 난 후에는 보험계약이 소멸된다.

둘째, 보험료가 일반 보험료에 비해 저렴하기 때문에 경제적 부담이 적고 가입절차도 까다롭지 않아 대부분의 고객들이 여행을 갈 때 보험에 가입한다.

여행객의 입장에서 여행보험에 가입하면 편안한 마음으로 여행을 떠날 수 있게 되며 여행사는 미래에 혹시 발생할 지도 모르는 안전사고에 대한 부담을 줄일 수 있어 여행보험을 가입한다. 주말을 이용하는 국내여행은 물론이거니와, 해외여행을 통한 여가활동이 증가해 여행지에서의 안전사고에 대비하기 위해서라도 여행보험 가입은 강제적인 조항이 아니더라도 가입하는 것이 좋다.

2. 여행보험의 보상범위

국내여행보험과 해외여행보험은 대체적으로 사망, 의료비, 휴대품 손해, 배상책임 등의 보상범위가 유사하다. 해외여행의 경우 여행객이 행방불명되어 구조나 수색을 실시할 경우 그 비용과 숙박비·교통비 등 특별비용이 보장되며, 항공기가 납치된 경우에도 보험가입액 한도 내에서 보상된다. 여행보험은 보험계약자나 여행객의 고의·자살·범죄·폭력 등으로 인한 손해와 전쟁·혁명·내란·소요로 인한 손해는 보상하지 않는다. 단, 전쟁위험 담보특약에 가입한 경우는 여행국가의 전쟁·내란·소요 등으로 인한 피해는 보상해준다.

여행보험은 보상하는 손해와 보상하지 않는 손해가 나누어져 있어 그 상세한 내용은 여행보험회사와 보험의 종류에 따라 보상규정과 보상범위 및 보상한도가 다르기 때문에 꼼꼼하게 확인해보고 가입해야 한다.

다음은 일반적으로 보상하는 여행보험의 보상범위이다.

① 상해사망, 후유장애
여행객이 상해를 입고 그 직접적인 결과로 사망 또는 신체의 일부분을 잃거나 그 기능을 상실한 경우
② 상해의료비
여행 중 상해를 입고 그 직접적인 결과로 의사의 치료를 필요로 한 때 진찰비, 수술비, 입원비 등을 보상
③ 질병사망
여행 중 발생한 질병으로 여행 중에 사망하거나 여행을 마친 후 그 질병이 원인이 되어 사망한 경우 보상
④ 질병의료비
여행 중 발생한 질병에 대하여 의사의 치료를 받기 시작한 때부터 일정기간을 한도로 의료비를 보상
⑤ 휴대품 손해
여행 도중 휴대품의 도난, 파손, 화재 등 우연히 발생한 사고로 입은 손해를 보상. 단, 본인의 과실이나 부주의로 발생한 손해와 현금, 유가증권, 항공권, 우표, 여권, 자동차, 의치, 의수족, 콘택트렌즈 등은 해당되지 않는다.

⑥ 배상책임
여행 도중 우연한 사고로 타인의 신체나 재물을 멸실, 훼손시켰을 때에 법률상의 손해배상책임을 보상
⑦ 특별비용
여행객이 탑승한 항공기나 선박이 행방불명 또는 조난된 경우와 여행 중 격하고도 우연한 사고에 따라 긴급 수색구조가 필요한 상태임이 경찰 및 공공기관에 의해 확인된 경우에 따르는 수색, 구조비용, 구원자의 항공운임 등 교통비 및 숙박비, 유해 이송비용, 제잡비 등 여행객 또는 여행객의 법적 상속인이 부담하는 비용을 보상
⑧ 항공기 납치
여행 도중 여행객이 탑승한 항공기가 납치됨에 따라 예정 목적지에 도착할 수 없는 동안에 대하여 일정금액을 보상

3. 여행보험의 보상청구방법

예기치 못한 사고가 발생했을 경우 여행객은 여행보험의 보상을 받기 위해서 먼저 증빙서류를 갖추는 것이 중요하다. 해외에서 사고가 난 경우 상해나 질병으로 치료를 받았으면 치료비 영수증과 진단서를 반드시 챙겨야 하고, 휴대품 및 기타 물품을 도난당한 경우 현지 경찰서에 신고하여 분실 및 도난확인서를 받아와 입증서류를 확보해야 하며, 경찰서 신고가 불가능한 경우는 목격자나 현지 여행가이드 등의 사실확인서가 필요하다. 여행에서 귀국한 후에는 증빙서류를 갖추어 보험사에 보험금을 청구한다.

그림 9-10 여행보험 보상청구 절차

여행보험 보상청구에 필요한 일반적인 서류는 <표 9-8>과 같다.

표 9-8 여행보험 보상청구 구비서류

구 분		구비서류
공통서류		• 보상금지급청구서(해당 보험회사 양식) • 여권사본(해외여행보험시, 출입국도장이 찍힌 면 포함) 및 여행일정표 • 가족관계확인 필요시 주민등록등본 첨부 • 통장사본
의료비	해외	• 치료비 영수증, 진단서(medical record)
	국내	• 가이드 또는 인솔자 또는 목격자(제3자) 확인서 • 진단서나 병명을 확인할 수 있는 병원기록지 • 치료비 영수증
사망 및 특별비용		• 사망진단서(해외의 경우 certificate of death 등 사망 관련 서류) • 시신 운구비용 영수증 • 2인 현지 왕복항공비 및 숙박비 영수증 • 피보험자의 기본증명서와 가족관계증명서
후유장애		• 후유장해진단서
휴대품 손해		• 도난신고 사실확인원(해외의 경우 police report) • 경찰서 미신고시 가이드 또는 인솔자 또는 목격자(제3자) 확인서 • 구입물품 영수증 • 수리견적서 및 영수증 • 파손부위 사진 • 휴대품은 경찰서에 도난신고된 물품만을 인정하는 것을 원칙으로 하며, 경찰서 미신고시에 확인, 수하물 운반 중 파손이나 도난시에 항공사 사고 접수지로 대체 가능
배상책임	대인	• 피해자 진단서 • 피해자 치료비 영수증 • 사고 관련 입증서류 및 합의서
	대물	• 피해물 사진 • 피해물 수리 견적서나 구입 영수증 • 사고 관련 입증서류 및 합의서

여행계약업무

1. 여행계약의 성립

여행계약이란 여행사와 여행객의 합의로 성립되며, 여행사는 여행에 필요한 운송·숙박·식사·관광지·관광안내 등과 같은 다양한 서비스를 제공하고, 이에 대해 여행객은 그 대금을 지급할 것을 약정함으로써 그 계약이 성립된다.

2. 여행계약서 작성과 교부

관광진흥법 제14조 제2항에 의하면 여행업자는 여행자와 계약을 체결하였을 때에는 그 서비스에 관한 내용을 적은 여행계약서(여행일정표 및 약관을 포함한다)를 여행자에게 내주어야 한다고 명기하고 있어 여행계약서 및 약관 교부를 의무화하고 있다.

또한 공정거래위원회는 여행소비자의 피해를 방지하고 건전한 거래질서를 확립하기 위해 '여행업 표준약관'을 제정하여 여행업자는 여행자와 여행계약을 체결한 후 계약서와 여행약관 및 여행일정표를 여행자에게 교부하며, 여행일정표는 여행일자별 여행지와 관광내용·교통수단·쇼핑횟수·숙박장소·식사 등 여행실시 일정 및 여행사 제공 서비스내용과 여행자 유의사항이 포함되어야 한다고 규정하였다. 여행계약서의 작성과 교부방법은 여행사와 여행자가 면대면 상담을 통해 직접 전달하는 것이 기본이나 인터넷 등 전자정보망(e-mail, SNS 메신저 등)이나 팩스 등 기계적 장치를 이용한 계약서의 체결 및 교부를 인정하고 있다.

여행계약서에는 법적 근거와 공정거래위원회의 규정을 바탕으로 다음과 같은 내용이 포함되어야 한다.

① 여행업자의 사업자등록번호, 상호명, 소재지 및 연락처(기획여행업자인 경우 그 여행업자의 등록번호, 상호명, 소재지 및 연락처)
② 여행상품의 종류 및 명칭(일부 코드 사용)
③ 여행일정 및 여행지역
④ 총여행경비 및 계약금의 금액(최소 전체 경비의 10% 정도)
⑤ 교통·숙박호텔·식사횟수 등 여행객이 제공받을 구체적인 서비스내용 조건
⑥ 여행보험 가입 여부
⑦ 여행계약의 성립과 계약해제 및 계약조건 위반시 손해배상 등 여행업약관 중요내용(기획여행상품이 특약<특별약관> 적용한 경우 반드시 설명 후 확인필요)

3. 여행약관

여행약관이란 여행사의 입장에서 여행계약의 체결에 있어 일률적으로 적용될 계약내용을 일정한 형식으로 미리 정하고 계약체결시에 사용하는 정형화된 계약내용을 의미한다. 또한 여행약관은 여행사와 여행객의 의무와 책임을 함께 명시하여 상호 이해관련 문제발생시에 판단의 기준점을 제시해준다.

1) 국내여행 표준약관 (2014년 12월 19일 개정)

제1조 (목적) 이 약관은 ○○여행사와 여행자가 체결한 국내여행계약의 세부이행 및 준수사항을 정함을 목적으로 합니다.

제2조 (여행사와 여행자 의무)
① 여행사는 여행자에게 안전하고 만족스러운 여행 서비스를 제공하기 위하여 여행알선 및 안내·운송·숙박 등 여행계획의 수립 및 실행 과정에서 맡은 바 임무를 충실히 수행하여야 합니다.

② 여행자는 안전하고 즐거운 여행을 위하여 여행자 간 화합도모 및 여행사의 여행질서 유지에 적극 협조하여야 합니다.

제3조 (여행의 종류 및 정의) 여행의 종류와 정의는 다음과 같습니다.

1. 일반모집여행 : 여행사가 수립한 여행조건에 따라 여행자를 모집하여 실시하는 여행

2. 희망여행 : 여행자가 희망하는 여행조건에 따라 여행사가 실시하는 여행

3. 위탁모집여행 : 여행사가 만든 모집여행상품의 여행자 모집을 타 여행업체에 위탁하여 실시하는 여행

제4조 (계약의 구성)

① 여행계약은 여행계약서(붙임)와 여행약관·여행일정표(또는 여행 설명서)를 계약내용으로 합니다.

② 여행일정표(또는 여행설명서)에는 여행일자별 여행지와 관광내용·교통수단·쇼핑횟수·숙박장소·식사 등 여행실시일정 및 여행사 제공 서비스 내용과 여행자 유의사항이 포함되어야 합니다.

제5조 (특약) 여행사와 여행자는 관계법규에 위반되지 않는 범위 내에서 서면으로 특약을 맺을 수 있습니다. 이 경우 표준약관과 다름을 여행사는 여행자에게 설명하여야 합니다.

제6조 (계약서 및 약관 등 교부) 여행사는 여행자와 여행계약을 체결한 경우 계약서와 여행약관, 여행일정표(또는 여행설명서)를 각 1부씩 여행자에게 교부하여야 합니다.

제7조 (계약서 및 약관 등 교부 간주) 다음 각 호의 경우에는 여행사가 여행자에게 여행계약서와 여행약관 및 여행일정표(또는 여행설명서)가 교부된 것으로 간주합니다.

1. 여행자가 인터넷 등 전자정보망으로 제공된 여행계약서, 약관 및 여행일정표(또는 여행설명서)의 내용에 동의하고 여행계약의 체결을 신청한 데 대해 여행사가 전자정보망 내지 기계적 장치 등을 이용하여 여행자에게 승낙의 의사를 통지한 경우

2. 여행사가 팩시밀리 등 기계적 장치를 이용하여 제공한 여행계약서, 약관 및

여행일정표(또는 여행설명서)의 내용에 대하여 여행자가 동의하고 여행계약의 체결을 신청하는 서면을 송부한 데 대해 여행사가 전자정보망 내지 기계적 장치 등을 이용하여 여행자에게 승낙의 의사를 통지한 경우

제8조 (여행사의 책임)

① 여행사는 여행 출발시부터 도착시까지 여행사 본인 또는 그 고용인, 현지행사 또는 그 고용인 등(이하 '사용인'이라 함)이 제2조제1항에서 규정한 여행사 임무와 관련하여 여행자에게 고의 또는 과실로 손해를 가한 경우 책임을 집니다.

② 여행사는 항공기·기차·선박 등 교통기관의 연발착 또는 교통체증 등으로 인하여 여행자가 입은 손해를 배상하여야 합니다. 다만, 여행사가 고의 또는 과실이 없음을 입증한 때에는 그러하지 아니 합니다.

③ 여행사는 자기나 그 사용인이 여행자의 수하물 수령·인도·보관 등에 관하여 주의를 해태하지 아니하였음을 증명하지 아니 하는 한 여행자의 수하물 멸실, 훼손 또는 연착으로 인하여 발생한 손해를 배상하여야 합니다.

제9조 (최저행사인원 미충족시 계약해제)

① 여행사는 최저행사인원이 충족되지 아니하여 여행계약을 해제하는 경우 당일여행의 경우 여행출발 24시간 이전까지, 1박 2일 이상인 경우에는 여행출발 48시간 이전까지 여행자에게 통지하여야 합니다.

② 여행사가 여행참가자 수의 미달로 전항의 기일 내 통지를 하지 아니하고 계약을 해제하는 경우 이미 지급받은 계약금 환급 외에 계약금 100% 상당액을 여행자에게 배상하여야 합니다.

제10조 (계약체결 거절) 여행사는 여행자에게 다음 각 호의 1에 해당하는 사유가 있을 경우에는 여행자와의 계약체결을 거절할 수 있습니다.

1. 다른 여행자에게 폐를 끼치거나 여행의 원활한 실시에 지장이 있다고 인정될 때
2. 질병, 기타 사유로 여행이 어렵다고 인정될 때
3. 계약서에 명시한 최대행사인원이 초과되었을 때

제11조 (여행요금)

① 여행계약서의 여행요금에는 다음 각 호가 포함됩니다. 다만, 희망여행은 당

사자 간 합의에 따릅니다.

1. 항공기·선박·철도 등 이용운송기관의 운임(보통운임기준)

2. 공항·역·부두와 호텔 사이 등 송영버스요금

3. 숙박요금 및 식사요금

4. 안내자경비

5. 여행 중 필요한 각종 세금

6. 국내 공항·항만 이용료

7. 일정표 내 관광지 입장료

8. 기타 개별계약에 따른 비용

② 여행자는 계약체결시 계약금(여행요금 중 10% 이하의 금액)을 여행사에게 지급하여야 하며, 계약금은 여행요금 또는 손해배상액의 전부 또는 일부로 취급합니다.

③ 여행자는 제1항의 여행요금 중 계약금을 제외한 잔금을 여행출발 전일까지 여행사에게 지급하여야 합니다.

④ 여행자는 제1항의 여행요금을 당사자가 약정한 바에 따라 카드, 계좌이체 또는 무통장입금 등의 방법으로 지급하여야 합니다.

⑤ 희망여행요금에 여행자 보험료가 포함되는 경우 여행사는 보험회사명, 보상 내용 등을 여행자에게 설명하여야 합니다.

제12조 (여행조건의 변경요건 및 요금 등의 정산)

① 위 제1조 내지 제11조의 여행조건은 다음 각 호의 1의 경우에 한하여 변경될 수 있습니다.

1. 여행자의 안전과 보호를 위하여 여행자의 요청 또는 현지사정에 의하여 부득이하다고 쌍방이 합의한 경우

2. 천재지변, 전란, 정부의 명령, 운송·숙박기관 등의 파업·휴업 등으로 여행의 목적을 달성할 수 없는 경우

② 제1항의 여행조건 변경으로 인하여 제11조 제1항의 여행요금에 증감이 생기는 경우에는 여행출발 전 변경분은 여행출발 이전에, 여행 중 변경분은 여행종료 후 10일 이내에 각각 정산(환급)하여야 합니다.

③ 제1항의 규정에 의하지 아니하고 여행조건이 변경되거나 제13조 또는 제14

조의 규정에 의한 계약의 해제·해지로 인하여 손해배상액이 발생한 경우에는 여행출발 전 발생분은 여행출발 이전에, 여행 중 발생분은 여행종료 후 10일 이내에 각각 정산(환급)하여야 합니다.

④ 여행자는 여행출발 후 자기의 사정으로 숙박·식사·관광 등 여행요금에 포함된 서비스를 제공받지 못한 경우 여행사에게 그에 상응하는 요금의 환급을 청구할 수 없습니다. 다만, 여행이 중도에 종료된 경우에는 제14조에 준하여 처리합니다.

제13조 (여행출발 전 계약해제)

① 여행사 또는 여행자는 여행출발 전 이 여행계약을 해제할 수 있습니다. 이 경우 발생하는 손해액은 '소비자분쟁 해결기준'(공정거래위원회 고시)에 따라 배상합니다.

② 여행사 또는 여행자는 여행출발 전에 다음 각 호의 1에 해당하는 사유가 있는 경우 상대방에게 제1항의 손해배상액을 지급하지 아니하고 이 여행계약을 해제할 수 있습니다.

1. 여행사가 해제할 수 있는 경우

   가. 제12조 제1항 제1호 및 제2호 사유의 경우

   나. 여행자가 다른 여행자에게 폐를 끼치거나 여행의 원활한 실시에 현저한 지장이 있다고 인정될 때

   다. 질병 등 여행자의 신체에 이상이 발생하여 여행에의 참가가 불가능한 경우

   라. 여행자가 계약서에 기재된 기일까지 여행요금을 지급하지 아니하는 경우

2. 여행자가 해제할 수 있는 경우

   가. 제12조제1항 제1호 및 제2호 사유의 경우

   나. 여행자의 3촌 이내 친족이 사망한 경우

   다. 질병 등 여행자의 신체에 이상이 발생하여 여행에의 참가가 불가능한 경우

   라. 배우자 또는 직계존비속이 신체이상으로 3일 이상 병원(의원)에 입원하여 여행출발시까지 퇴원이 곤란한 경우 그 배우자 또는 보호자 1인

   마. 여행사의 귀책사유로 계약서에 기재된 여행일정대로의 여행실시가 불가능해진 경우

제14조 (여행출발 후 계약해지)

① 여행사 또는 여행자는 여행출발 후 부득이한 사유가 있는 경우 이 계약을 해지할 수 있습니다. 다만, 이로 인하여 상대방이 입은 손해를 배상하여야 합니다.

② 제1항의 규정에 의하여 계약이 해지된 경우 여행사는 여행자가 귀가하는데 필요한 사항을 협조하여야 하며, 이에 필요한 비용으로서 여행사의 귀책사유에 의하지 아니한 것은 여행자가 부담합니다.

제15조 (여행의 시작과 종료) 여행의 시작은 출발하는 시점부터 시작하며 여행일정이 종료하여 최종목적지에 도착함과 동시에 종료합니다. 다만, 계약 및 일정을 변경할 때에는 예외로 합니다.

제16조 (설명의무) 여행사는 이 계약서에 정하여져 있는 중요한 내용 및 그 변경사항을 여행자가 이해할 수 있도록 설명하여야 합니다.

제17조 (보험가입 등) 여행사는 여행과 관련하여 여행자에게 손해가 발생한 경우 여행자에게 보험금을 지급하기 위한 보험 또는 공제에 가입하거나 영업보증금을 예치하여야 합니다.

제18조 (기타 사항)

① 이 계약에 명시되지 아니한 사항 또는 이 계약의 해석에 관하여 다툼이 있는 경우에는 여행사와 여행자가 합의하여 결정하되, 합의가 이루어지지 아니한 경우에는 관계법령 및 일반관례에 따릅니다.

② 특수지역에의 여행으로서 정당한 사유가 있는 경우에는 이 표준약관의 내용과 다르게 정할 수 있습니다.

2) 국외여행 표준약관 (2014년 12월 19일 개정)

제1조 (목적) 이 약관은 ○○여행사와 여행자가 체결한 국외여행계약의 세부이행 및 준수사항을 정함을 목적으로 합니다.

제2조 (여행사와 여행자 의무)

① 여행사는 여행자에게 안전하고 만족스러운 여행 서비스를 제공하기 위하여 여행알선 및 안내·운송·숙박 등 여행계획의 수립 및 실행 과정에서 맡은 바

임무를 충실히 수행하여야 합니다.

② 여행자는 안전하고 즐거운 여행을 위하여 여행자 간 화합도모 및 여행사의 여행질서 유지에 적극 협조하여야 합니다.

제3조 (용어의 정의) 여행의 종류 및 정의, 해외여행 수속대행업의 정의는 다음과 같습니다.

1. 기획여행 : 여행사가 미리 여행목적지 및 관광일정, 여행자에게 제공될 운송 및 숙식서비스내용(이하 '여행 서비스'라 함), 여행요금을 정하여 광고 또는 기타 방법으로 여행자를 모집하여 실시하는 여행

2. 희망여행 : 여행자(개인 또는 단체)가 희망하는 여행조건에 따라 여행사가 운송·숙식·관광 등 여행에 관한 전반적인 계획을 수립하여 실시하는 여행

3. 해외여행 수속대행(이하 '수속대행계약'이라 함) : 여행사가 여행자로부터 소정의 수속대행요금을 받기로 약정하고, 여행자의 위탁에 따라 다음에 열거하는 업무(이하 '수속대행업무'라 함)를 대행하는 것

　가) 사증, 재입국 허가 및 각종 증명서 취득에 관한 수속

　나) 출입국 수속서류 작성 및 기타 관련업무

제5조 (특약) 여행사와 여행자는 관계법규에 위반되지 않는 범위 내에서 서면으로 특약을 맺을 수 있습니다. 이 경우 표준약관과 다름을 여행사는 여행자에게 설명해야 합니다.

제6조 (안전정보 제공 및 계약서 등 교부) 여행업자는 여행자와 여행계약을 체결한 경우 계약서와 여행약관, 여행일정표(또는 여행설명서)를 각 1부씩 여행자에게 교부하여야 합니다.

제7조 (계약서 및 약관 등 교부 간주) 여행업자와 여행자는 다음 각 호의 경우 여행계약서와 여행약관 및 여행일정표(또는 여행설명서)가 교부된 것으로 간주합니다.

1. 여행자가 인터넷 등 전자정보망으로 제공된 여행계약서, 약관 및 여행일정표(또는 여행설명서)의 내용에 동의하고 여행계약의 체결을 신청한 데 대해 여행업자가 전자정보망 내지 기계적 장치 등을 이용하여 여행자에게 승낙의 의사를 통지한 경우

2. 여행업자가 팩시밀리 등 기계적 장치를 이용하여 제공한 여행계약서, 약관 및 여행일정표(또는 여행설명서)의 내용에 대하여 여행자가 동의하고 여행계약의 체결을 신청하는 서면을 송부한 데 대해 여행업자가 전자정보망 내지 기계적 장치 등을 이용하여 여행자에게 승낙의 의사를 통지한 경우

제8조 (여행업자의 책임) 여행업자는 여행 출발시부터 도착시까지 여행업자 본인 또는 그 고용인, 현지여행업자 또는 그 고용인 등(이하 '사용인'이라 함)이 제2조 제1항에서 규정한 여행업자 임무와 관련하여 여행자에게 고의 또는 과실로 손해를 가한 경우 책임을 집니다.

제9조 (최저행사인원 미충족시 계약해제)
① 여행사는 최저행사인원이 충족되지 아니하여 여행계약을 해제하는 경우 여행출발 7일 전까지 여행자에게 통지하여야 합니다.
② 여행사가 여행참가자 수 미달로 전항의 기일 내 통지를 하지 아니하고 계약을 해제하는 경우 이미 지급받은 계약금 환급 외에 다음 각 목의 1의 금액을 여행자에게 배상하여야 합니다.
　　가. 여행출발 1일 전까지 통지시 : 여행요금의 30%
　　나. 여행출발 당일 통지시 : 여행요금의 50%

제10조 (계약체결 거절) 여행업자는 여행자에게 다음 각 호의 1에 해당하는 사유가 있을 경우에는 여행자와의 계약체결을 거절할 수 있습니다.
1. 다른 여행자에게 폐를 끼치거나 여행의 원활한 실시에 지장이 있다고 인정될 때
2. 질병, 기타 사유로 여행이 어렵다고 인정될 때
3. 계약서에 명시한 최대행사인원이 초과되었을 때

제11조 (여행요금)
① 여행계약서의 여행요금에는 다음 각 호가 포함됩니다. 다만, 희망여행은 당사자 간 합의에 따릅니다.
1. 항공기·선박·철도 등 이용운송기관의 운임(보통운임 기준)
2. 공항·역·부두와 호텔 사이 등 송영버스요금
3. 숙박요금 및 식사요금

4. 안내자경비

5. 여행 중 필요한 각종 세금

6. 국내외 공항·항만세

7. 관광진흥개발기금

8. 일정표내 관광지 입장료

9. 기타 개별계약에 따른 비용

② 여행자는 계약체결시 계약금(여행요금 중 10% 이하 금액)을 여행사에게 지급하여야 하며, 계약금은 여행요금 또는 손해배상액의 전부 또는 일부로 취급합니다.

③ 여행자는 제1항의 여행요금 중 계약금을 제외한 잔금을 여행출발 7일 전까지 여행사에게 지급하여야 합니다.

④ 여행자는 제1항의 여행요금을 당사자가 약정한 바에 따라 카드, 계좌이체 또는 무통장입금 등의 방법으로 지급하여야 합니다.

⑤ 희망여행요금에 여행자보험료가 포함되는 경우 여행사는 보험회사명, 보상내용 등을 여행자에게 설명하여야 합니다.

제12조 (여행요금의 변경)

① 국외여행을 실시함에 있어서 이용운송·숙박기관에 지급하여야 할 요금이 계약체결시보다 5% 이상 증감하거나 여행요금에 적용된 외화환율이 계약체결시보다 2% 이상 증감한 경우 여행사 또는 여행자는 그 증감된 금액 범위 내에서 여행요금의 증감을 상대방에게 청구할 수 있습니다.

② 여행사는 제1항의 규정에 따라 여행요금을 증액하였을 때에는 여행출발 15일 전에 여행자에게 통지하여야 합니다.

제13조 (여행조건의 변경요건 및 요금 등의 정산)

① 위 제1조 내지 제12조의 여행조건은 다음 각 호의 1의 경우에 한하여 변경될 수 있습니다.

1. 여행자의 안전과 보호를 위하여 여행자의 요청 또는 현지사정에 의하여 부득이하다고 쌍방이 합의한 경우

2. 천재지변, 전란, 정부의 명령, 운송·숙박기관 등의 파업·휴업 등으로 여행의 목적을 달성할 수 없는 경우

② 제1항의 여행조건 변경 및 제12조의 여행요금 변경으로 인하여 제11조 제1항의 여행요금에 증감이 생기는 경우에는 여행출발 전 변경분은 여행출발 이전에, 여행 중 변경분은 여행종료 후 10일 이내에 각각 정산(환급)하여야 합니다.

③ 제1항의 규정에 의하지 아니하고 여행조건이 변경되거나 제14조 또는 제15조의 규정에 의한 계약의 해제·해지로 인하여 손해배상액이 발생한 경우에는 여행출발 전 발생분은 여행출발 이전에, 여행 중 발생분은 여행종료 후 10일 이내에 각각 정산(환급)하여야 합니다.

④ 여행자는 여행출발 후 자기의 사정으로 숙박·식사·관광 등 여행요금에 포함된 서비스를 제공받지 못한 경우 여행사에게 그에 상응하는 요금의 환급을 청구할 수 없습니다. 다만, 여행이 중도에 종료된 경우에는 제16조에 준하여 처리합니다.

제14조 (손해배상)

① 여행업자는 현지여행업자 등의 고의 또는 과실로 여행자에게 손해를 가한 경우 여행자에게 손해를 배상하여야 합니다.

② 여행업자의 귀책사유로 여행자의 국외여행에 필용한 여권·사증·재입국허가 또는 각종 증명서 등을 취득하지 못하여 여행자의 여행일정에 차질이 생긴 경우 여행업자는 여행자로부터 절차대행을 위하여 받은 금액 전부 및 그 금액의 100%상당액을 여행자에게 배상하여야 합니다.

③ 여행업자는 항공기·기차·선박 등 교통기관의 연발착 또는 교통체증 등으로 인하여 여행자가 입은 손해를 배상하여야 합니다. 단, 여행업자가 고의 또는 과실이 없음을 입증한 때에는 그러하지 아니합니다.

④ 여행업자는 자기나 그 사용인이 여행자의 수하물 수령·인도·보관 등에 관하여 주의를 해태(懈怠)하지 아니하였음을 증명하지 아니하면 여행자의 수하물 멸실, 훼손 또는 연착으로 인한 손해를 배상할 책임을 면하지 못합니다.

제15조 (여행출발 전 계약해제)

① 여행업자 또는 여행자는 여행출발 전 이 여행계약을 해제할 수 있습니다. 이 경우 발생하는 손해액은 '소비자피해 보상규정'(기획재정부고시)에 따라 배상합니다.

② 여행업자 또는 여행자는 여행출발 전에는 다음 각 호의 1에 해당하는 사유가

있는 경우 상대방에게 제1항의 손해배상액을 지급하지 아니하고 이 여행계약을 해제할 수 있습니다.

1. 여행업자가 해제할 수 있는 경우

　가. 제13조 제1항 제1호 및 제2호 사유의 경우

　나. 다른 여행자에게 폐를 끼치거나 여행의 원활한 실시에 현저한 지장이 있다고 인정될 때

　다. 질병 등 여행자의 신체에 이상이 발생하여 여행에의 참가가 불가능한 경우

　라. 여행자가 계약서에 기재된 기일까지 여행요금을 납입하지 아니한 경우

2. 여행자가 해제할 수 있는 경우

　가. 제13조 제1항 제1호 및 제2호 사유가 있는 경우

　나. 여행자의 3촌 이내 친족이 사망한 경우

　다. 질병 등 여행자의 신체에 이상이 발생하여 여행에의 참가가 불가능한 경우

　라. 배우자 또는 직계존비속이 신체이상으로 3일 이상 병원(의원)에 입원하여 여행출발 전까지 퇴원이 곤란한 경우 그 배우자 또는 보호자 1인

　마. 여행업자의 귀책사유로 계약서 또는 여행일정표(여행설명서)에 기재된 여행일정대로의 여행실시가 불가능해진 경우

　바. 제12조 제1항의 규정에 의한 여행요금의 증액으로 인하여 여행 계속이 어렵다고 인정될 경우

제16조 (여행출발 후 계약해제)

① 여행업자 또는 여행자는 여행출발 후 부득이한 사유가 있는 경우 이 여행계약을 해지할 수 있습니다. 단, 이로 인하여 상대방이 입은 손해를 배상하여야 합니다.

② 제1항의 규정에 의하여 계약이 해지된 경우 여행업자는 여행자가 귀국하는데 필요한 사항을 협조하여야 하며, 이에 필요한 비용으로서 여행업자의 귀책사유에 의하지 아니한 것은 여행자가 부담합니다.

제17조 (여행의 시작과 종료) 여행의 시작은 탑승수속(선박인 경우 승선수속)을 마친 시점으로 하며, 여행의 종료는 여행자가 입국장 보세구역을 벗어나는 시점으

로 합니다. 단, 계약내용상 국내이동이 있을 경우에는 최초출발지에서 이용하는 운송수단의 출발시각과 도착시각으로 합니다.

제18조 (설명의무) 여행업자는 계약서에 정하여져 있는 중요한 내용 및 그 변경사항을 여행자가 이해할 수 있도록 설명하여야 합니다.

제19조 (보험가입 등) 여행업자는 이 여행과 관련하여 여행자에게 손해가 발생한 경우 여행자에게 보험금을 지급하기 위한 보험 또는 공제에 가입하거나 영업보증금을 예치하여야 합니다.

제20조 (기타 사항)

① 이 계약에 명시되지 아니한 사항 또는 이 계약의 해석에 관하여 다툼이 있는 경우에는 여행업자 또는 여행자가 합의하여 결정하되, 합의가 이루어지지 아니한 경우에는 관계법령 및 일반관례에 따릅니다.

② 특수지역에의 여행으로서 정당한 사유가 있는 경우에는 이 표준약관의 내용과 달리 정할 수 있습니다.

4. 소비자분쟁 해결기준(2014년 3월 21일 시행기준)

소비자기본법 제16조 제2항과 같은 법 시행령 제8조 제3항의 규정은 일반적으로 소비자분쟁 해결기준에 따라 소비자와 사업자(이하 "분쟁당사자"라 한다) 간에 발생한 분쟁이 원활하게 해결될 수 있도록 구체적인 합의 또는 권고의 기준을 제시하고 있고 분쟁당사자 간에 합의가 이루어지지 않을 경우 분쟁당사자는 중앙행정기관의 장, 시·도지사, 한국소비자원장 또는 소비자단체에게 그 패해규제를 청구할 수 있다.

표 9-9 소비자분쟁 해결기준

국내여행 (1 - 3)		
분 쟁 유 형	해 결 기 준	비 고

1) 여행취소로 인한 피해
- 여행사의 귀책사유로 여행사가 취소하는
   경우
   <당일여행인 경우>
   ·여행개시 3일전까지 통보시
   ·여행개시 2일전까지 통보시
 	
   ·여행개시 1일전까지 통보시
 	
   ·여행당일 통보 및 통보가 없는 경우
 	
   <숙박여행인 경우>
   ·여행개시 5일전까지 통보시
   ·여행개시 2일전까지 통보시
 	
   ·여행개시 1일전까지 통보시
 	
   ·여행당일 통보 및 통보가 없는 경우
	
	· 계약금 환급
	
	· 계약금 환급 및 요금
	  의 10% 배상
	· 계약금 환급 및 요금
	  의 20% 배상
	· 계약금 환급 및 요금
	  의 30% 배상
	
	· 계약금 환급
	· 계약금 환급 및 요금
	  의 10% 배상
	· 계약금 환급 및 요금
	  의 20% 배상
	· 계약금 환급 및 요금
	  의 30% 배상
		* 국내여행 표준약관과
		  동일하게 규정함.

국내여행 (2 - 3)		
분 쟁 유 형	해 결 기 준	비 고

- 여행자의 귀책사유로 여행자가 취소하는
   경우
   <당일여행인 경우>
   ·여행개시 3일전까지 통보시
   ·여행개시 2일전까지 통보시
   ·여행개시 1일전까지 통보시
   ·여행개시 당일 취소하거나 연락 없이 불
     참할 경우
 	
   <숙박여행인 경우>
   ·여행개시 5일전까지 통보시
   ·여행개시 2일전까지 통보시
	
	· 전액 환급
	· 요금의 10% 배상
	· 요금의 20% 배상
	· 요금의 30% 배상
	
	· 전액 환급
	· 요금의 10% 배상	

분 쟁 유 형	해 결 기 준	비 고
·여행개시 1일전까지 통보시	·요금의 20% 배상	
·여행개시 당일 취소하거나 연락 없이 불참할 경우	·요금의 30% 배상	
- 여행사의 계약조건 위반으로 여행자가 여행계약을 해지하는 경우(여행전) <당일여행인 경우>		
·여행개시 3일전까지 계약조건 변경 통보시	·계약금 환급	
·여행개시 2일전까지 계약조건 변경 통보시	·계약금 환급 및 요금의 10% 배상	
·여행개시 1일전까지 계약조건 변경 통보시	·계약금 환급 및 요금의 20% 배상	
·여행개시 계약조건 변경통보 또는 통보가 없을시	·계약금 환급 및 요금의 30% 배상	

국내여행 (3 - 3)		
분 쟁 유 형	해 결 기 준	비 고
<숙박여행인 경우> ·여행개시 5일전까지 계약조건 변경 통보시	·계약금 환급	
·여행개시 2일전까지 계약조건 변경 통보시	·계약금 환급 및 요금의 10% 배상	
·여행개시 1일전까지 계약조건 변경 통보시	·계약금 환급 및 요금의 20% 배상	
·여행당일 계약조건 변경통보 또는 통보가 없을시	·계약금 환급 및 요금의 30% 배상	
- 여행참가자 수의 미달로 여행사가 여행을 취소하는 경우(사전 통지기일 미준수)	·계약금 환급 및 계약금의 100% (위약금) 배상	
2) 여행사의 계약조건 위반으로 인한 피해(여행 후)	·여행자가 입은 손해배상	
3) 여행사 또는 여행종사자의 고의 또는 과실로 인한 여행자의 피해	·여행자가 입은 손해배상	
4) 여행 중 위탁수하물의 분실, 도난, 기타사	·여행자가 입은 손해	* 운송수단의 고장, 교

고로 인한 피해	배상	통사고 등 운수업체 의 고의·과실에 의한 경우도 포함함.
5) 여행사의 고의·과실로 인해 여행일정의 지 연 또는 운송 미완수	• 여행자가 입은 손해 배상	

국외여행 (1-2)		
분 쟁 유 형	해 결 기 준	비 고
1) 여행취소로 인한 피해 - 여행사의 귀책사유로 여행사가 취소하는 경우 • 여행개시 30일전까지(~30) 통보시 • 여행개시 20일전까지(29~20) 통보시 • 여행개시 10일전까지(19~10) 통보시 • 여행개시 8일전까지(9~ 8) 통보시 • 여행개시 1일전까지(7~ 1) 통보시 • 여행 당일 통보시	• 여행자가 입은 손해 배상 • 계약금 환급 • 여행요금의 10% 배상 • 여행요금의 15% 배상 • 여행요금의 20% 배상 • 여행요금의 30% 배상 • 여행요금의 50% 배상	
- 여행자의 여행계약 해제 요청이 있는 경우 • 여행개시 30일전까지(~30) 통보시 • 여행개시 20일전까지(29~20) 통보시 • 여행개시 10일전까지(19~10) 통보시 • 여행개시 8일전까지(9~ 8) 통보시 • 여행개시 1일전까지(7~ 1) 통보시 • 여행 당일 통보시	• 계약금 환급 • 여행요금의 10% 배상 • 여행요금의 15% 배상 • 여행요금의 20% 배상 • 여행요금의 30% 배상 • 여행요금의 50% 배상	
- 여행참가자 수의 미달로 여행개시 7일전까 지 여행계약 해제 통지시 - 여행참가자 수의 미달로 인한 여행 개시 7 일전 까지 통지기일 미준수 • 여행개시 1일전까지 통지시 • 여행출발 당일 통지시	• 계약금 환급 • 여행요금의 30% 배상 • 여행요금의 50% 배상	

국외여행 (2-2)		
분 쟁 유 형	해 결 기 준	비 고
2) 여행사의 계약조건 위반으로 인한 피해(여 행 후)	• 신체 손상이 없을 때 최대 여행 대금 범위 내에서 배상	* 단, 사업자가 이미 비 용을 지급하고 환급 받지 못하였음을 소

3) 여행계약의 이행에 있어 여행종사자의 고의 또는 과실로 여행자에게 손해를 끼쳤을 경우	• 신체손상시 위자료, 치료비, 휴업손해 등 배상	비자에게 입증하는 경우와 별도의 비용 지출이 없음을 입증하는 경우는 제외함.
4) 여행 출발 이후 소비자와 사업자의 귀책사유 없이 당초 계약과 달리 이행되지 않은 일정이 있는 경우	• 여행자가 입은 손해 배상	
5) 여행 출발 이후 당초 계획과 다른 일정으로 대체되는 경우	• 사업자는 이행되지 않은 일정에 해당하는 금액을 소비자에게 환급	
- 당초 일정의 소요 비용보다 대체 일정의 소요 비용이 적게 든 경우	• 사업자는 그 차액을 소비자에게 환급	

표 9-10 여행계약서 과징금과 행정처분

구 분	과징금			행정처분(1차)
	국내	국외	일반	
여행계약서를 교부하지 아니한 때	50만 원	100만 원	200만 원	사업정지 1월
여행계약서를 불완전하게 작성한 때	50만 원	50만 원	100만 원	사업정지 10일
여행계약서를 설명하지 아니한 때	30만 원	50만 원	100만 원	사업정지 10일

제 10 장
국외여행인솔업무

제1절

국외여행인솔자의 이해

1. 국외여행인솔자의 정의

국외여행인솔자(Tour Conductor)란 내국인이 해외여행 시 여행의 출발에서 여행완료까지 동행하면서 여행목적지의 관광안내 및 인솔자역할을 하고 여행목적지의 현지가이드에게 현지안내를 인계하는 업무를 하며, 내국인의 해외여행을 총괄하고 책임을 지는 사람을 말한다. 즉, 국외여행인솔자는 여행사를 대표하여 내국인의 해외단체여행 시 국내출발에서부터 귀국까지 여행객의 안전 및 편의 제공을 위해 여행인솔의 업무를 담당하는 사람이다.

국외여행인솔자의 명칭은 국외여행인솔자, 투어 에스코트, 투어 리더, 첨승원 등 다양하게 불리며 우리나라는 관광진흥법에서 '국외여행인솔자'라는 용어를 사용하고 있고, 자격증에 'overseas tour escort'라는 영어표기를 사용한다. 일반적으로 여행업계에서는 투어 컨덕터(tour conductor)의 약자인 T/C라는 명칭을 주로 사용하고 있다.

그림 10-1 국외 여행인솔자 호칭

표 10-1 투어컨덕터의 구분

구 분	명 칭	의 미
Tour Conductor	국외여행인솔자	내국인의 단체해외여행에 동행하여 인솔하고 현지에서 Local Guide에게 현지 안내를 인계함. 한국에서 사용하고 있다.
Tour Guide	관광통역안내사	외국인관광객의 국내여행을 안내하고, 내국인의 단체 해외여행시에 국외여행인솔자의 자격을 가지고 있다.
Tour Escort	에스코트	미주지역에서 주로 사용하며 여행객에 대한 안전관리에 의미를 부여하여 여행객에 대한 보호자의 역할을 강조한다.
Local Guide	현지 가이드	해외에서 내국인에게 현지의 관광지 안내를 한다.
Tour Leader	투어리더	유럽에서 널리 사용하고 있고 여러 사람을 이끌어 가는 지도자처럼 리더로서의 역할을 강조한다.
添乘員	첨승원	일본에서 사용하는 호칭으로 해외여행 일정 내내 함께하고 있음을 강조한다.

2. 국외여행인솔자의 역할

여행상품의 자체가 무형이라 서비스가 차지하는 비중이 전부라고 해도 과언은 아니며, 관광진흥법 제13조에서는 여행업자가 국외여행을 실시할 경우, 여행자의 안전과 편의 제공을 위하여 국외여행인솔자를 둘 때에는 자격요건에 적합한 자를 두도록 명기하고 있어 여행객을 인솔하여 서비스를 제공하는 국외여행인솔자의 역할이 매우 중요하다. 또한 여행목적지에서 현지 관광안내를 담당하는 가이드를 돕고, 일정을 조정하는 역할도 하며, 여행객의 욕구충족을 극대화하는 역할을 하여 국외여행인솔자의 능력에 따라 여행객의 만족도는 달라져 양질의 서비스를 제공해 충성고객으로의 전환 및 여행상품 재구매로 이어져 여행사 경영에 큰 영향을 미친다. 이처럼 국외여행인솔자의 역할은 그 중요도가 점점 증가하고 있다.

따라서 여행사의 경영자는 국외여행인솔자의 능력과 자질을 향상시키고 투철한 사명감과 책임감을 가진 숙련되고 철처한 서비스를 제공할 수 있게 전사적인 차원에서 주기적인 교육과 현지가이드와의 협력을 바탕으로 신뢰를 구축하고 여행객의 만족도 제고 및 타사와의 경쟁에서 우위를 확보할 수 있게 국외여행인솔자를 관리해야 한다.

그림 10-2 국외 여행인솔자의 역할

즐거운 여행의 연출자	회사의 대표자	여행일정 관리자
관광객이 즐거운 여행을 할 수 있도록 연출자의 역할 수행	회사를 대표하는 대표자 입장에서 여행 관련 전반적인 책임	일정표대로 진행되는지 점검. 숙식, 현지 여행내용 숙지

올바른 여행문화의 전달자	재구매 유도자
단체여행객들에게 올바른 여행문화가 되도록 안내	여행객과 숙식을 함께 하므로 친밀한 관계를 유지하게 되어 고객 재창출

3. 국외여행인솔자의 유형

국외여행인솔자의 유형은 일반적으로 소속형태에 따라 여행사 직원 국외여행인솔자, 여행사소속 전문국외여행인솔자, 프리랜서 전문국외여행인솔자 등의 세 가지로 분류할 수 있다.

1) 여행사 직원 국외여행인솔자

여행사소속으로 근무 중인 직원으로 평소에는 사내에서 담당업무를 하면서 단체가 형성되어 고객의 요청이나 회사의 결정에 따라 국외여행인솔자 업무를 수행하는 것이다. 일반적으로 단체고객의 상담부터 예약까지 맡아온 직원이 국외여행인솔자로 출장을 가는 경우가 많으며, 상담을 통해 고객의 특성과 요구사항에 대해 이해도가 높아 고객 서비스하기가 쉽고, 고객은 여행준비과정에 여행사 직원과 쌓여진 신뢰를 바탕으로 편안하게 여행일정을 진행할 수 있다. 또한 해당 국가나 지역의 담당직원의 해외출장은 좀더 구체적인 현지사정을 파악할 수 있어 여행객에게 최근 정보를 제공하는 데 도움을 줄 수 있다.

그러나 여행사 직원이 인솔자로 출장을 나가게 되면 업무공백이 생기고 출장 가는 동안 동료에게 인수·인계를 하고 나가기도 하지만, 담당직원이 맡고 있는 업무를 완벽하게 대리할 수 없어 여행사 직원이 처리하고 있는 다른 고객들의 불편을 초래하기도 한다. 현재 대부분의 여행사에서는 전문국외여행인솔자제도를 활용하고 있다.

2) 여행사소속 전문국외여행인솔자

여행사에 소속되어 있으면서 소속여행사에 단체가 형성되면 국외여행인솔업무만을 전문으로 하는 사람으로 상근직과 비상근직으로 나눌 수 있다. 상근직은 평소에 출근하여 여행관련 업무나 상담업무 등을 수행하다가 단체가 형성되면 회사에서 배정하는 단체의 국외여행인솔업무를 수행하고, 비상근직은 평소에는 출근하지 않고 단체가 형성되어 회사에서 배정되는 단체의 국외여행인솔업무를 수행한다. 보통 여행사소속 전문국외여행인솔자는 한 달에 일정 숫자의 단체배정을 보장받고 여행사에 따라 기본급을 지급하나 대체적으로 출장일수에 따른 출장비, 여행객의 팁, 선택관광과 쇼핑 알선수수료 등을 보수로 받는다.

전문국외여행인솔자는 업무능력과 현지에서의 돌발상황에 대처하는 능력이 뛰어나고 언제든지 출장을 나갈 수 있다는 장점이 있어 기획여행상품을 판매하는 대형여행사에서는 회사규모와 여행상품 판매에 따라 여행사소속 전문국외여행인솔자를 확보하고 있다.

3) 프리랜서 전문국외여행인솔자

특정 여행사에 소속되지 않고 여러 여행사와 계약을 맺어 단체여행이 형성되면 국외여행인솔업무의 의뢰요청에 따라 업무를 수행하는 사람이다. 프리랜서 전문 국외여행인솔자는 해외여행 인솔에 대한 제반 자격과 전문성을 충분히 인정받은 경험이 풍부한 베테랑이 많고, 특정 여행사 소속이 아니므로 행동이 자유롭고 자신의 일정에 따라 출장을 선택할 수 있다는 장점을 가지고 있으나 국외여행인솔업무가 주로 여름 성수기에 몰려 있어 직업적인 안정성은 부족한 것이 단점이다.

또한 여행사의 입장에서 보면 해외여행 중 고객의 컴플레인이 발생할 경우 여행사수속 전문국외여행인솔자보다 프리랜서 전문국외여행인솔자는 문제해결에 덜 적극적이고 돌발상황에 대한 책임감이 있는 행동을 하지 않는 경우도 있다.

표 10-2 국외여행인솔자 유형에 따른 장·단점

유 형	장 점	단 점
여행사소속 종사원	• 소속감과 책임감 있는 인솔 • 정규사원으로서 여행자의 신뢰도 증진 • 고객만족 우선 • 돌발상황과 여행자의 불평 적극적 대처	• 종사원의 부재로 인한 업무공백으로 다른 여행자의 불편 초래 • 사내 업무 인솔·인계 미비로 인한 업무 누수현상 발생 • 귀국 후 출장후유증으로 인한 업무복귀 지연 • 다른 직장동료들의 업무 증가
여행사소속 전문 국외여행 인솔자	• 많은 출장경험으로 인한 현지에 대한 지식 풍부 • 정규사원화되어 소속감과 책임감 있는 인솔 • 경험에 의한 돌발상황과 여행자의 불평대처능력 탁월	• 적은 기본급으로 인한 팁 등의 본인의 수입 우선 • 잦은 출장으로 긴장감 결여 • 출근을 하지 않으므로 정규사원과의 거리감 발생
프리랜서 전문 국외여행 인솔자	• 인솔자 운영비용의 최소화 • 인솔자 양성을 위한 시간과 비용 불필요 • 별도의 인솔자 관리 불필요	• 본인의 수입에만 치중 • 소속감과 책임감 결여 • 돌발상황에 대한 무책임한 행동 • 여행자의 불평대처 미흡

4. 국외여행인솔자의 자격

1) 법적 자격요건

관광진흥법 제13조에 따르면 여행업자는 내국인의 국외여행을 실시할 경우 여행자의 안전 및 편의 제공을 위하여 그 여행을 인솔하는 자를 둘 때에는 문화체육관광부령으로 정하는 요건에 맞는 자를 두어야 한다고 규정하고 있다. 규정에 의한 국외여행인솔자의 자격요건은 다음의 자격요건 가운데 하나는 해당해야 한다.

① 관광통역안내사 자격을 취득할 것
② 여행업체에서 6개월 이상 근무하고 국외여행경험이 있는 자로서 문화체육관광부장관이 정하는 소양교육을 이수할 것
③ 문화체육관광부장관이 지정하는 교육기관에서 국외여행인솔에 필요한 양성교육을 이수할 것

2) 서비스제공자로서의 자질

국외여행인솔자의 기본적인 자질로는 건강한 체력과 풍부한 어학실력을 갖추고 있어야 한다. 이와 함께 상식은 물론 사교성과 사람에 대한 배려심, 자제력, 순발력, 리더십, 서비스정신 등의 자질을 갖추고 있는 사람이 갖기 좋은 직업이다.

여행목적지에서 국외여행인솔자가 여행객의 입장에서 여행객을 이해하고 그들의 편의를 도모하며 성실하게 노력하는 서비스태도를 보이면 고객은 여행사에 대한 신뢰감을 가지게 된다. 여행객의 기대에 부응하고 원활한 단체진행으로 여행의 만족도를 높이기 위해서는 국외여행인솔자가 제공하는 서비스의 질이 중요하다. 또한 국외여행인솔자는 여행객을 자사의 충성고객으로 전환시킬 수 있는 계기를 마련할 수 있고, 여행사의 다른 상품의 판매 및 국외여행인솔자의 지명도를 확보할 수 있는 좋은 위치이다. 따라서 자신이 여행사의 대표라는 책임감과 소신을 갖춘 업무를 수행하면 소속여행사 경영발전에 기여하고 본인의 인솔업무기회도 점점 늘어날 수 있다.

※ 국외여행인솔자의 금기사항

- 특정 고객과 특별히 친해서는 안 된다.
- 단체여행객과 금전적인 문제로 마찰을 일으키지 않는다.
- 너무 잘난 체를 하거나 아는 체를 하지 않는다.
- 국가 및 회사의 명예를 손상하는 행위를 하지 않는다.
- 단체여행객에게 쇼핑이나 선택관광을 강요하지 않는다.
- 어떠한 경우라도 늦지 않으며 여행조건서 및 일정을 임의로 변경하지 않는다.
- 고객의 질문에 대해서는 반드시 명확하게 답해준다.

그림 10-3 국외여행인솔자자격증(예)

국외여행인솔자의 업무

1. 여행출발 전 업무

① **현지정보 수집** : 여행목적지 방문국의 역사·지리·종교·건축·특산품·음식·풍속·정치·경제적인 측면에서 우리나라와 관계, 기후, 시차, 출입국수속의 절차를 확인해 보고 현지 치안상태와 환율에 대한 정보도 확인한다.

② **국제선 항공권과 현지교통의 확인** : 항공여행 시 이용하는 항공사의 기종, 도중 기항지, 실제 소요시간, 기내식의 유무 등을 확인하고 현지에서 이용하는 단체 버스, 열차, 선박 등 현지 교통수단의 시간과 좌석등급 및 제반사항을 확인하고 정리해 둔다.

③ **숙박호텔과 주변관광지에 대한 정보 확인** : 숙박예정인 호텔의 소재지 객실타입과 식사 메뉴, 부대시설 등을 미리 확인하고 호텔 주변의 관광지를 조사하고 여행객이 투숙하는 동안 활용 가능한 정보를 수집한다.

2) 상품담당자와 소통

① 배정받은 여행단체상품의 담당자로부터 항공권·확정일정표·여행객명단·객실배정표·비자 등 여행에 필요한 서류를 수령하고 면밀하게 검토한다.

② 여행객에게 보낸 여행일정과 현재의 확정일정을 비교해보고 차이가 있는지 확인해보고, 내용의 변경이 있다면 그 이유를 잘 파악하고 나중에 여행객의 질문

을 받으면 상세하고 친절하게 설명할 수 있게 준비한다.

③ 확정일정표 내의 아직 확인되지 않은 일정이 있다면 상품담당자와 상의하고 향후 어떻게 처리할 것인지에 대해 충분히 확인하고 처리방안을 준비한다.

3) 여행준비물 확인

① 여행목적지 방문국에 따라 여권 유효기간의 제한이 있으므로 여행객의 여권 유효기간을 반드시 확인한다.

② 비자가 필요한 국가를 방문할 경우 반드시 비자발급을 했는지 확인한다.

③ 발행된 항공권의 영문이름과 여권에 기재된 영문성명이 동일한지 확인하고 여정일정표에 표기된 일정이 맞는지 확인한다.

④ 여행객의 여권번호·영문이름·생년월일·여권유효기간·연락번호 등이 기재된 명단을 작성해서 준비한다.

⑤ 지상수배업자로부터 받은 단체확정서와 이를 근거로 작성한 여행사의 확정일정표를 준비한다.

⑥ 회사에서 수령한 지상비·예비비 등의 금액을 확인한다.

⑦ 네임태그는 여행객의 수하물 분실을 예방하는 데 도움이 되므로 여행 도중 떨어지거나 수하물 개수가 늘어날 것에 대비해 여유 있게 준비하는 것이 좋다.

⑧ 여행목적지 방문국의 출입국카드를 미리 확보하여 작성해 준비해둔다.

⑨ 단체여행 중 여행객이 갑자기 신체의 이상이 발생할 경우를 대비해 소정의 상비약을 준비한다.

⑩ 해외여행자보험 가입 여부를 확인한다.

2. 국외여행인솔자의 현장업무

1) 공항업무

① 일반적으로 여행객은 비행기 출발 2시간 전까지 공항에 도착하나 인솔자는 여행객과 만나기로 한 시간보다 최소 30분 전에 공항에 도착하여 탑승수속을 위

한 항공사 카운터를 확인하고 해당 항공기 좌석배치도 등을 미리 확보한다.

② 탑승수속 : 해당 항공사의 카운터에 여권과 항공권을 제출하고 탑승권을 수령하여 고객들에게 전달하며 여행객 개개인의 위탁수하물 탁송을 도와준다.

③ 출국심사 : 출국장으로 들어가기 전에 출국심사 후 보세구역에서 자유시간을 갖게 안내하고 면세점에서 쇼핑을 하고 시내 면세점에서 구입한 면세물품인도장에서 면세품을 받을 수 있게 안내한다.

④ 탑승 : 탑승시작 30분 전까지 해당 항공기의 탑승구에서 집합할 것을 안내하고 인솔자는 여행객보다 탑승구에 먼저 도착하여 대기하고 있다가 여행객이 모두 기내로 입장하는 것을 확인한 후 마지막으로 항공기에 탑승한다.

2) 기내업무

① 배정된 좌석에 여행객이 모두 탑승했는지 확인한다.

② 비행 중 가끔 여행객을 살피고, 항공기 이용에 따른 제반 안내사항은 요청 시에 안내를 하나 가급적 기내에서의 일은 객실승무원에게 맡긴다.

③ 목적지국가의 입국카드 및 세관카드를 단체인원 수만큼 미리 준비하여 간 것을 이용하고, 다음 단체의 인솔준비를 위해 입국카드나 세관카드는 기내에서 받아 보관한다. 단, 사전에 준비하지 못한 경우는 기내에서 신속하게 작성한다.

3) 목적지국가 입국수속업무

① 검역을 거쳐 여권과 입국카드를 제출하여 입국심사를 받을 수 있게 여권에 입국카드를 넣어 준비하도록 안내한다.

② 입국사열대는 보통 자국민과 외국인의 사열대를 구분하여 운영하는데, 인솔자는 단체의 선두에 서서 입국사열 직원에게 단체여행객임을 밝히고 빠른 수속을 위해 여행객들의 입국수속의 진행과정을 도와준다. 단체사열대를 별도로 운영하는 공항도 있어서 목적지국가 공항의 입국사열대 운영방식을 미리 확인하고 여행객에게 안내한다. 또한 공항에 따라 항공권 제시를 요구하는 국가도 있으므로 인솔자는 사전에 입국심사에 필요한 서류는 준비한다.

③ 위탁수하물 회수를 위해 수하물이 나오는 곳을 확인하고, 단체여행객이 쉽게

자신의 위탁수하물을 빠짐없이 회수하게 도와준다. 만약 수하물 가방이 훼손되었거나 분실했을 경우 공항 내 Lost and Found Office에 신고하고 여행객의 영문이름, 투숙할 호텔명과 전화번호, 현지여행사 담당자의 연락번호 등을 남겨 처리할 수 있게 조치한다.

④ 신속한 통관절차를 위해 단체는 개별적으로 나가기보다 세관원에게 단체여행이라는 점을 알리고, 수하물표(Baggage Tag)를 확인하고 수거하는 공항도 있으므로 수하물표는 잘 보관한다.

4) 현지가이드 미팅과 현지관광 시 업무

① 현지를 안내할 가이드와 미팅을 한 다음 여행객에게 가이드를 인사시키고 차량이 주차되어 있는 곳까지 이동한다.

② 버스에 탑승 후 현지가이드가 여행객에 자기소개를 한 후 공식적인 일정이 진행되며, 현지관광 안내업무는 현지가이드에게 맡기는 것이 일반적이나 일정에 대한 순서와 배정은 수시로 상의하고, 현지가이드를 도와 여행객이 즐겁고 유익한 여행을 할 수 있도록 적극적으로 협조한다.

③ 선택관광은 여행출발 전 여행객에게 안내한 항목과 비용이 일치하는지 먼저 확인하고, 여행객이 스스로 결정하도록 하며 강제로 참가하게 하거나 선택관광을 위해 공식적인 일정에 영향을 주면 안 된다.

④ 쇼핑은 공식일정에 적절하게 배정하고, 현지가이드와 협의하여 공신력 있고 경제적인 쇼핑점을 안내하되, 지나친 개입은 하지 말아야 하며 귀국 시 면세금액 한도와 통관금지품목에 대해서는 정확하게 안내한다.

5) 호텔업무

(1) 호텔체크인

① 단체버스가 호텔에 도착하면 여행객은 호텔 로비에서 대기하도록 안내하고 체크인수속을 위해 여행객의 여권을 수거한다.

② 호텔 프런트 데스크에서 여행객의 여권을 제출하고 현지가이드와 함께 신속히

체크인수속을 한다.

③ 객실키를 받아서 룸타입을 확인하고 여행객에게 객실을 배정하면서 방번호가 적힌 Rooming List를 나누어주며, 객실 간 연락방법, 현지가이드 연락번호, 국제전화 거는 법, 호텔 인터넷 IP주소, 조식 시간과 장소 등에 관한 안내를 한다.

④ 짐을 포터(Poter)에게 맡겼을 경우 수하물처리를 감독하고 협조하며 여행객이 매너팁을 준비하게 안내한다.

⑤ 인솔자는 객실배정이 끝나면 현지가이드와 여행객들의 방을 돌면서 시설물의 점검 및 이용방법을 안내하고 불편한 점이 없는지 확인한다.

(2) 호텔조식

① 조식 시간과 장소 및 메뉴를 객실배정시에 안내해준다.

② 여행객보다 먼저 식당에 도착해 아침인사 및 식당안내를 도와준다.

③ 조식을 먹지 못하는 여행객이 있는지 확인해보고 전체 여행객이 아침식사를 할 수 있게 한다.

6) 귀국 전·후 업무

① 호텔 체크아웃시간을 안내하고, 로비에서 집합할 수 있게 안내한다.

② 객실에서 사용한 개인적 비용(미니바 사용, 국제전화의 사용, Pay-TV)의 지불과 객실키의 반납 여부를 확인한다.

③ 호텔출발 전 수하물숫자 확인과 객실에 두고 온 물건이 있는지 다시 확인하고 여권을 전부 소지하고 있는지 재확인하며 공항도착 전에 모두 수거한다.

④ 여행 도중 현지가이드의 도움을 받아 귀국항공편은 미리 재확인해 항공출발시간의 변경유무를 확인해 둔다.

⑤ 공항도착 전 현지가이드와 작별인사와 감사인사를 전달하고, 여행객들이 준비한 현지가이드와 기사 팁을 전달한다.

⑥ 현지가이드와 헤어진 후 공항에서 출국수속 및 탑승에 관한 업무는 인솔자 혼자 진행하며, 한국 도착시간, 공항면세점 이용, 귀국 시 통관안내, 현지화폐 및 달러의 처리방법 등에 대해 설명한다.

⑦ 여행객들이 입국수속절차가 끝나고 수하물을 수취하고 세관통관 후 입국장에
마지막 여행객이 통과하고 여행단체가 해산될 때까지 책임 있게 인솔자가 함
께 하고 여행객들에게 감사인사를 하며 마무리를 한다.

7) 여행종료 후 업무

① 귀국보고는 단체여행객들과 해산한 후에 전화로 먼저 회사에 보고한다. 행사결
과에 대한 상세한 보고는 구체적으로 다음 날 회사에 출근해서 보고한다. 최근
에는 온라인 보고를 하고 있는 여행사가 늘고 있는 추세이다.
② 국외여행인솔자는 여행 중의 일정, 호텔, 식사, 차량, 현지가이드, 관광지, 사고
나 불평 발생 유무, 현지여행사의 계약사항 이행 여부 등 여행단체에 대한 여
행결과보고서를 작성하여 제출한다.
③ 여행 중 발생한 수입 및 지출에 대한 내역(항공권 정산, 지상경비 정산, 행사경비정
산, 선택관광 및 쇼핑정산)을 상세히 나누어 행사정산서를 작성하여 제출한다.
④ 귀국 후 여행객들에게 안부전화나 이메일 및 SNS 메신저를 통해 여행 중의
협조와 이해에 감사의 말을 전하고 인간적인 유대관계를 맺어 고객관리에 힘
쓴다.

사고발생시 대처방법

해외여행을 인솔하다 보면 예기지 않은 사고(천재지변, 전쟁, 도난사고, 환자발생, 항공기연착 등)가 발생되므로 이를 사전에 미리 예방하기 위해 주의를 기울여도 사고는 일어날 수 있다. 사고가 발생하면 인솔자가 취해야 할 기본적인 조치는 다음과 같다.

① 사고가 나면 당황해하지 말고 침착하게 가장 적절한 긴급대책을 강구하고, 사고상황이나 객관적인 정세에 대해 회사에 신속하게 보고하며 처리에 필요한 정보를 수집하고 다양한 대비책을 검토한다.

② 여행객들에게 사고의 정황을 사실대로 정확하고 충분하게 설명하고, 그 대책을 강구할 때 여행계약의 내용을 변경해야 할 경우 전체 여행객의 동의를 구하고 전체 여행객에게 동의서를 받아 보관한다.

③ 사고발생이 여행사 측에 법적 책임이 있을 때에는 회사를 대표하여 여행객에게 정중하게 사과하고, 이에 따른 대책을 강구할 때에는 먼저 여행사와 합의하에 결정을 하며, 여행사 측에 법적 책임이 없는 경우라도 여행객에게 도의적인 사과를 하되 법적 책임은 없다는 것을 전제로 한다.

④ 사고상황과 긴급대책에 관해 긴밀하게 회사에 연락을 하고, 중요한 결정사항은 시간이 허용하는 범위 내에서 회사의 지시를 받아 처리한다.

⑤ 일정변경 등에 필요한 수배는 현지에서 수행하며, 여행사의 상품담당자에게 연락해 상황을 설명하고 협조를 요청한다.

사고에 대비한 예방조치로서 사고방지를 위한 업무로 인솔자는 여행사, 인솔여행객, 비상연락망을 사전에 준비하고, 여행 중 위험요소에 대한 주의사항을 명확히 전달하며 여행관련 모든 예약의 재확인은 물론, 단체여행객의 건강상태를 수시로 체크하고, 사고발생 후 여행자보험의 처리관련 내용도 꼼꼼히 챙기도록 한다.

여행 관련 용어

Accomodation   호텔·모텔·리조트 등의 숙박시설을 지칭하는 용어

AD Agent Discount   항공사에서 여행사를 대리점으로 지칭하며 여행사직원인 경우 정상요금에서
    항공요금을 75% 할인해 주는 것.

Add-on   국제선항공권 발권시 지방의 국내공항에서 국제공항으로 이동하는 국내선까지 함께 발권
    하는 것

Address   CRS를 통해 항공예약을 하면 나타나는 항공예약번호로 PNR No라고도 함. 항공사에 따
    라 영문과 숫자의 조합 또는 숫자 5~7자리로 구성

Adult   만 12세 이상의 성인

Agent   항공사·호텔 등의 공급업자를 대신하여 공급업자의 상품을 판매하는 대리점 또는 여행사
    간의 관계에 있어서 기획여행상품의 판매를 대행하는 여행사

Airport Tax   공항세 또는 공항이용료, 대부분의 국가에서는 항공권 발권시 항공요금에 추가로 부
    가시켜 징수하고 있으나 일부 국가에서는 공항에서 별도로 공항세 티켓을 구입하는 경우도
    있음

Aisle Seat   통로편의 좌석

AP Advanced Purchase   항공권을 구입할 때 출발일로부터 정해진 날 이전에 구입하게 되면 특별
    요금을 적용받게 되는 제도

APIS(Advanced Passenger Information System)   CRS를 통하여 PNR에 여행객의 여권번호·생
    년월일·여권만료일·국적·성별 등의 정보를 입력함으로써 출·입국을 편리하게 하는 것

Arrival Visa   도착비자, 목적지 입국시 간단한 절차에 의해 발급해 주는 입국비자

ATA(Actual Time of Arrival)   비행기의 실제 도착시간

ATD(Actual Time of Departure)   비행기의 실제 출발시간

Auth(Authority)   허가·허락의 뜻으로 항공사에서 여행사에 항공요금 등을 확정할 때 Auth를 준다
    고 표현함

Baggage Claim Tag(Name Tag)   항공사에서 탁송수하물에 부착해주는 꼬리표로 수하물소유자의
    이름과 목적지 도시 등이 적혀 있으며, 탁송수하물을 되찾을 경우와 수하물이 분실되었을 경
    우 손해배상을 청구하는 근거가 됨

Baggage Allowance   수하물허용량 초과요금을 지불하지 않고 수하물로 보낼 수 있는 탁송수하물
    의 중량 또는 크기

Booking 예약
Boading Pass 탑승권

C

Cabotage 타 국가 항공사에서 자국 내 상업적인 국내선 운항을 금지하여 자국의 항공산업을 보호
   하고자 하는 것
Cancellation Charge 취소수수료
Carrier 항공사
Catering 기내에서 제공되는 기내식과 음료 등을 항공기에 공급하는 업무
Charter Flight 특정 수요의 급증으로 정규항공편으로는 공급석이 부족할 것을 예상하고 여행사에
   서 항공사와 계약에 의거하여 미리 항공료 전액을 지불하여 모든 판매권을 갖고, 판매에 따
   른 수익과 손실도 해당 여행사에서 책임을 갖게 됨
Child Fare(CHD) 만 2세 이상~만 12세 미만의 소아요금, 대부분의 항공사에서는 성인요금의 75%
   를 적용함
CIQ(Customs, Immigration, Quarantine) 세관, 출입국심사, 검역 등 출입국수속의 단계나 업무담
   당관공서
Check-in 항공기 탑승수속 또는 호텔 투숙을 위한 수속
Code Share 항공사 간의 계약에 의거하여 서로 항공좌석을 공유하여 판매하는 것
Collect Call 수신자가 부담하는 전화로 상대가 지불할 것을 동의해야 통화가 가능함
Com Commission 항공·호텔·렌트카·여행상품 등을 판매대행해 주고 공급업자로부터 여행사가 받
   는 수수료 또는 관광지에서 발생되는 쇼핑·옵션투어 등으로 받게 되는 수수료
Confirm Sheet 수배확정서
Connecting Room 호텔방과 방 사이에 각각의 문이 있어서 양쪽 방에서 문을 개방하면 두 개의
   호텔방이 연결되는 구조의 방으로 가족여행시 2개의 방이 필요한 경우에 이용하면 좋음
Continental Breakfast 유럽식 조식, 주스·커피 등의 음료와 빵·버터·잼 정도만 간단히 제공되는
   식사로 유럽 내의 2급 이하 호텔에서 주로 제공됨

D

Deposit 예약금
Destination 목적지
DFS(Duty Free Shop) 면세점
DOB(Date of Birth) 생년월일

Domestic Tour 내국인의 국내여행

DSR(Daily Sales Report) 여행사에서 매일 작성하는 당일 판매한 항공권의 목록

DUPE(Dupulicated Reservation) 동일한 날짜에 동일한 항공편을 이중으로 예약한 경우, Double
    Booking이라고도 함

E

E/D Card(Embarkation/Disembarkation Card) 출입국카드

Endorsement 이미 발권된 항공권의 예정항공사를 본인의 의지에 또는 항공사의 사정에 의해 다
    른 항공사로 바꾸는 것을 말하며, 본인의 의지에 의해 다른 항공사의 비행기를 이용할 경우
    에는 정상요금으로 발권되어 항공권에 'NON-ENDS' 표기가 없을 때만 가능함

ETA(Estimated Time of Arrival) 항공기 도착예정시간

ETD(Estimated Time of Departure) 항공기 출발예정시간

ETAS(Electronic Travel Authority System) 전자비자발급시스템, CRS를 통해 호주비자를 신청
    하면 그 즉시 호주이민국으로부터 비자승인을 받을 수 있는 제도

Excess Baggage 무료탁송수하물의 중량을 초과한 수하물을 말하여, 초과무게에 따라 수수료를
    지불함

Extra Flight 항공사에서 수요급증을 예상하고 정규편 외에 증편하는 항공편

Expire Date 여권·비자·항공권 등의 유효기간이 만기되어 효력을 상실한 것

F

Fam Tour(Familiarization Tour) 항공사에서 여행사·미디어분야 종사원 등을 초청하여 친숙한
    관계를 유지시켜 자사의 항공판매를 활성화할 목적으로 진행되는 무료여행

FFPs(Frequent Flyer Programs) 여행객이 적립한 비행거리에 따라 무료항공권, 상급좌석 업그
    레이드 등을 제공하는 보너스 프로그램

FIT(Foreign Independent Tourist or Free Independent Tourist) 안내원 없이 개별적으로 하
    는 외국인 개별여행객 혹은 개인여행객 혹은 개별여행객

FOC(Free of Charge) 무료항공권으로 순수항공요금만 무료이고 Tax는 지불함

G

GIT(Group Inclusive Tour) 단체여행

Go Show 항고예약이 확약되지 않은 상태에서 공항에서 대기하는 것, Stand By라고도 함

GSA(General Sales Agent) 항공사가 타 국가에 직영지점을 설립하지 않고 항공권의 독점판매권을 부여하여 판매에 따른 수수료를 지불하는 형식으로 계약하는 총판대리점

GTR(Govermment Transpotation Request) 공적 업무로 국외출장을 가는 공무원은 여행사를 통해 항공예약을 하는 것이 아니라 국적항공사의 GTR 전담부서를 통해 항공예약을 하면, 계약된 할인율을 제공받는 제도

H

High Season 성수기

Hospitality Industry 환대산업

HTL(Hotel) 호텔

I

IATA(International Air Transport Association) 국제항공운송협회

ICAO(International Civil Aviation Organization) 국제민간항공협정에 의하여 1947년 설립된 국제민간항공기구, 본부는 캐나다 몬트리올에 있으며, 가맹국은 141개국이며 한국은 1952년 12월 11일에 가입함

Inbound Tour 외국인의 국내여행, Outbound Tour(내국인의 국외여행)와 반대개념

Incentive Tour 기업에서 목표달성을 이룬 직원을 대상으로 무료로 보내주는 포상여행 혹은 보상여행. 여행업계에서는 패키지투어 외에 단체희망여행을 지칭하는 용어로 사용함

INF(Infant) 만 24개월 미만의 유아로 정상요금의 10%를 지불

Invoice 청구서

Itinerary 여행일정표 또는 항공 스케줄표

K

KATA(Korea Association of Travel Agent) 일반여행업협회

Land Operator 지상수배업자. 외국 현지여행사의 지점역할을 하는 연락사무소로 아웃바운드 여행
　　　사를 대상으로 영업활동을 하여 현지여행사의 수배를 알선하는 역할을 함
Load Factor 항공기의 탑승률, 공급좌석에 대한 판매된 좌석수의 비율
Local Time 현지시간, 모든 운송기관의 출·귀국시간은 Local Time을 적용함
Low Season 비수기

Mass Tourism 대중관광 또는 대량관광
MCT(Minimum Connecting Time) 여행객이 경유지에서 비행기를 갈아타는 데 필요한 최소시간
　　　으로 각 공항마다 최소연결시간이 정해져 있음
Meeting Service 여행업자의 종사원 또는 안내원이 여행객의 요청에 의해 공항·항만·기차역 등에
　　　나가 마중하는 서비스
MOFA(Minisry Of Foreign Affairs) 외무부

NON-ENDS(Non-Endorsement) 할인된 항공권은 NON-ENDS로 표기되어 본인의 사정에 의해
　　　다른 항공사의 이용이 불가능함
Non Refundable 환불되지 않는 항공권
NTBA(Name To Be Adviced) 단체명단 작성시 여행자이름이 확보되지 못한 경우에 NTBA라고
　　　적어놓으면 인원수에는 포함되어 있으나 이름이 아직 파악되지 못한 상태를 표시할 수 있음
NTO(National Tourism Organization) 관광과 관련된 업무를 맡고 있는 정부기구

Passport 여권
PKG(Package Tour) 여행사에서 항공·호텔·차량·가이드 등을 미리 확보해 여행일정을 만들어 불
　　　특정 다수를 대상으로 시리즈 형태로 판매하는 기획여행
PNR(Passenger Name Record) CRS를 통하여 항공예약을 한 후 저장된 기록물로 여행객 성명·
　　　여정·연락처 등의 기록되어 있으며, 항공사에 따라 숫자 6~7자리의 예약번호가 부여됨

Principal   여행상품 구성요소를 제공하는 공급업자로 항공사·여행사·차량회사 등을 말함
PTA(Prepaid Ticket Advice)   항공요금은 여행객의 자국 내 항공사에 지불하고 타 국가에 있는 실
　　제 비행기를 탑승할 사람이 그 나라에 있는 해당 항공사의 지점에서 항공권을 발권하는 제도

R

Reconfirm   목적지에서 다음 항공편 출발 72시간 전에 예약상태를 재확인하는 것
Refund   티켓의 미 사용분에 대한 금액을 구매자에게 환불해 주는 것
Reissue   항공권 재발행
Rooming List   단체여행객의 호텔방 배정표

S

Sending Service   여행사가 여행객의 귀국을 돕기 위해 공항에서 수속을 대행해주는 것
Single Charge   패키지 상품판매가는 호텔을 2인1실 기준으로 산정된 것으로 만약 단독으로 호텔
　　방을 사용할 경우 지불해야하는 추가비용
Single Visa   단수비자. 1회 사용가능한 비자로 재입국하려면 다시 비자를 받아야 함
SIT(Special Interest Tourism)   특수목적관광, 특별한 관심이나 테마를 소재를 하는 새로운 여행
　　형태

T

TC(Tour Conductor)   국외여행인솔자
TCP(The Complete Party)   총인원수
Through Check-in   경유지에서 별도의 탑승수속화 수하물을 찾지않고 여행객만 항공편을 갈아타
　　면 되는 체크인방법으로 출발지에서 경유지와 경유지에서 목적지까지의 탑승권을 발급해주
　　고 탁송수하물도 목적지까지 보내주는 것
Transfer   항공편을 갈아타는 것을 말하며, 항공편수가 바뀌게 되는 경우 또는 공항이나 기차역·항
　　만 등에서 호텔까지 이동하는 것
Transit   목적지까지 가는 도중에 중간 경유지에 비행기가 잠시 착륙하여 승객을 내려주거나 경유
　　지의 여행객을 태우는 것으로 항공편수는 바뀌지 않음
Treveler's Check   여행자수표. 국외여행 도중 여행객이 현금 대신 사용할 수 있는 은행에서 발행
　　한 여행자수표

TTL(Ticket Time Limit) 예약한 항공권의 구입시한을 의미하며, 그 시한을 넘기면 예약이 자동 취소됨

TWOV(Transit Without Visa) 입국비자가 필요한 국가일지라도 비행기를 갈아 탈 목적으로 일정 기간 내 비자 없이 입국하여 체류할 수 있게 하는 것

U

UM(Unaccompanied Minor) 성인 보호자동반 없이 혼자서 항공여행을 하는 소아를 말하며, 항공사에 요청하면 승무원이 목적지에서 보호자에게 인계해주는 서비스를 제공함

V

Visa 목적지국가의 입국허가증

W

Waver 어떠한 정해진 규정을 적용시키지 않는 행위, 예를 들면, 최소체류 의무일이 3일로 정해져 있지만, 그 규정을 지키지 않고 2일 만에 귀국할 수 있도록 조치를 해주는 것을 Waver해 준다고 표현함

Wholesaler 여행도매업자

Window Seat 창가쪽 좌석

Y

Yellow Card 예방접종증명서

참고문헌

1. 국내문헌

강신겸(2001), 여가시간확대와 관광산업 삼성경제연구소

국토교통부(2015) 국토교통통계연보.

김상태 외 1명(1997), 한국여행업 발전방안, 한국관광연구원.

김선희(2007), 국외여행인솔업무론, 대왕사.

김정훈(2002), 여행업 지식경영 전략에 관한 연구, 경기대학교 대학원 박사학위.

김영규(2014), 여행사경영과 실무, 대왕사.

김진섭(2004), 관광학원론, 대왕사.

김창수(2011), 관광교통의 이해, 대왕사

김천중(1990), "관광사업의 적정입지에 관한 연구," 서강전문대 논문, 제9집, 서강전문대학.

_____(1991a), "여행상품의 판매촉진에 관한 고찰," 국제경영논총, 제12집, 경기대학교.

_____(1991b), "인터넷 마케팅에 관한 연구," 관광경영학 연구, 제4집, 한국관광경영학회.

_____(1994a), "국제관광사의 반성과 새로운 기술방안," 서강전문대 논문, 제13집, 서강전문대학.

_____(1994b), "한국전통음식의 성격규명과 대표성에 관한 연구," 한국전통상학회, 제7집, 한국전통
상학회.

_____(1995a), "여행사와 여행자의 소비자 갈등해소에 관한 연구," 한국여행학회, 창간호, 한국여행
학회.

_____(1995b), "여행상품소비자의 불평행동과 피해구제에 관한 연구," 경기대학교 박사학위논문, 경
기대학교 대학원.

_____(1996), "여행자 피해구제에 관한 연구," 용인대학교 산업경영논총, 창간호, 용인대학교 산업경
영연구소.

_____(1997a), "여행자의 피해구제에 관한 연구," 한국여행학회, 제6호, 한국여행학회.

_____(1997b), "여행정보의 활용방안에 관한 연구," 한국관광경영학회, 제1호, 한국관광경영학회.

_____(1998a), "우리 나라 온천관광지의 발달패적과 그 성격의 유형화에 관한 연구," 용인대학교 논
문, 제16집, 용인대학교.

_____(1998b), "인터넷을 이용한 관광정보 활용에 관한 연구," 용인대학교 산업경영논총, 제7집, 용
인대학교 산업경영연구소.

_____(1998c), "한국전통음식의 문화관광상품화 방안에 관한 연구," 한국호텔경영학회, 제2호, 한국
호텔경영학회.

_____(1998d), "한국 컴퓨터예약시스템(CRS)산업의 경영전략에 관한 연구," 한국관광경영학회, 제2
호, 한국관광경영학회.

_____(2000a), 관광정보론, 대왕사.

_____(2000b), 관광정보시스템, 대왕사.

_____(2007), 관광사업론, 대왕사.

_____(2010), 관광학, 백산출판사.

_____(2011), 여행업, 대왕사.

김흥철(2010), 신관광학원론, 기문사

대세계의 역사(1990), 삼성출판사 두산백과사전

문화체육관광부 관광진흥법시행령 2009

손대현(1989), 관광론 일신사.

송성진 외(2013), 여행업경영론, 대왕사

유구창 외(2005), 호스피털리티 산업의 직업구조 특성과 인적자원개발 전략, 한국직업능력개발원

윤대순(2009), 여행사실무, 기문사.

이경모, "크루즈여행의 신상품개발에 관한 연구," 서강대학교 경영대학원 석사학위논문, 1994.

이석호 외(2014), 여행사실무 한국방송통신대학교출판부

이선희(1996), 여행업경영개론, 대왕사.

이현정 외(1998) 여행안내원 직무분석, 한국직업능력개발원

장양례 외(2014), 신여행업실무, 대왕사

장호찬 외(2009), 관광행동론, 한국방송통신대학교출판부

정찬종(2013), 최신여행사실무, 백산출판사.

_____(2015), 새여행사경영론, 백산출판사.

정훈 외(2013), 여행사창업경영론, 대왕사

조재충 외(1997), 창업 이렇게 한다, 중소기업진흥공단.

지진호(1994), "관광환경변화에 대응한 여행업의 경영전략에 관한 연구," 경기대학교 대학원 박사학
     위논문.

채예병(2002), 관광종사원 자격제도 개선방안에 관한 실증적 연구 관광경영학연구 6(2). pp207-221

최승국 외(2014), 여행사실무론, 현학사

최일섭 외(2004), 사업계획론, 도서출판 나남.

한국관광공사(2010), 월간관광시장통계, 한국관광공사

_____(2011), 월간통계, 한국관광공사

한국관광협회(1985), 여행업 관련 업무지침.

_____(1989a), 외국의 여행업관계법(1), 한국관광협회.

_____(1989b), 외국의 여행업관계법(2), 한국관광협회.

한국교통서비스보고서(2017), 국토교통부, 한국교통연구원

현은지(2013) 여행사직원의 직무착근도가 조직잔류에 미치는 영향 연구 경기대학교 관광전문대학원,
     박사학위.

https://ko.wikipedia.org

http://www.thomascook.com

http://www.Americanexpress.com

http://www.jtbcorp.jp

http://www.traveltimes.co.kr

http://www.kata.or.kr

http://www.airpotal.go.kr

http://www.travelinfo.cdc.go.kr

http://www.0404.go.kr

http://visitkorea.or.kr

http://kcti.re.kr

https://esta.cbp.dhs.gov/esta

http://www.mltm.go.kr

https://kr.koreanair.com

http://flyasiana.com

https://www.airport.kr

http://www.hanatour.com

http://www,modutour.com

http://www.lottetour.com

http://www.kaltour.com

http://www.naeiltour.co.kr

http://www.toptravel.co.kr

http://www.webtour.com

2. 국외문헌

Brian, G. & A. Gregory(1990), *Marketing in the Tourism Industry*, London: Routledge.

Foster, Dennis L.(1991), *Sales and Marketing for the Travel Professional*, McGraw-Hill International Editions.

_____(1995), *First Class: an Introduction to Travel and Tourism*, McGraw-Hill International Editions.

Gee, Chuck Y.(1989), *The Travel Industry*, Van Nostrand Reinhold.

Goodal , B and Ashworth, G(1988) Marketing in the tourism Industry, (London: Routledge)

Gunn, Clare A.(1988), Tourism Planning, 2nd ed.,

Lehmann, Armin D,(1985) Travel and Tourism, (Encino:Glencoe)

Metelka, Charles J,(1990) The Dictionary of Hospitality, Travel and Tourism, 3rd ed., Delmar Publishing Inc

Mill R. C. and Morrison A. M (1992), The Tourism System, Prentice-Hall International Editions.

Stevens, L.(1985), *Guide to Starting and Operating a Successful Travel Agency*, Ilinois Wheaton: Manufactured in the U.S.A.

_____(1991), *The Travel Marketing Personnel Manual,* New York: Delmar Publishers Inc.

Theobald, Paul & Nachtigal, Paul(1995) Culture, Community, and the promise of rural education Bloomington 77(2)

蘇芳基(中華民國 77年), 最新觀光學概論, 臺北: 明證印刷.

保板正康(1981)　「日本交通公社」

森谷(1984)　「旅行業經營戰略」

저자약력

김천중(金天中)
현)　용인대학교 문화관광학과 교수
　　산업협력단 부설 크루즈&요트마리나 연구소 소장
　　관광경영학회 회장
[주요 경력 및 자격]
전)　중앙항만정책 심의위원회 위원(해양수산부)
현)　대한요트협회 이사(마리나산업 위원장)
현)　해양관광 기술자문위원(해양수산부)
현)　전북, 안산시, 용인시 관광자문위원
[면허 및 자격]
　　요트/보트 조종면허 취득(2005)
　　뉴질랜드 요트학교 수료(2004)
　　국외여행안내사(1981)
　　영어통역안내사(1979)
[주요저서]
　　크루즈관광의 비전(2016, 미세움), 여행서비스실무(2015, 고등학교교과서, 대표저자), 요트항해입문제
　　2판(2015, 백산출판사), 요트와 보트(2014, 미세움), 해양관광과 마리나산업(2012, 백산출판사), 해양관
　　광과 크루즈산업(2012, 백산출판사), 요트관광의 이해(2008, 백산출판사), 요트항해입문(2008, 백산출
　　판사), 요트의 이해와 항해술(2007, 상지출판사), 여행과 관광정보(2003, 대왕사), 최신관광정보시스템
　　(2003, 대왕사), 현대관광상품론(2003, 백산출판사), 관광상품론(2002, 학문사), 여행업: 창업과 경영실
　　무(2002, 대왕사), 21세기 신여행업(1999, 학문사), 크루즈사업론(1999, 학문사), 관광사업론(1998, 대왕
　　사), 관광정보론(1998, 대왕사), 관광정보시스템(1998, 대왕사), 관광학(1997, 백산출판사)

현은지(玄銀池)
　　중앙대학교 중어학과 졸업
　　북경제2외국어대학원 여행관리학과 석사졸업
　　경기대학교 관광전문대학원 박사졸업
[면허 및 자격]
　　국외여행인솔자자격증 1998
　　관광통역안내사(중국어) 2010
[주요경력]
　　동부관광, 아주관광, 롯데관광, OK투어, 한진관광, 골드투어 등
[주요논문]
　　여행사직원의 직무탈진이 직무착근도 및 이직의도에 미치는 영향에 관한 연구
　　여행사종사원의 직무착근도가 조직시민행동과 조직잔류에 미치는 영향
　　직무소진이 이직의도에 미치는 영향에서 조직동일시의 매개효과와 조직시민행동의 조절효과분석 -
　　여행사직원을 중심으로 -
　　관광통역안내사의 비언어적 커뮤니케이션능력이 관광객만족과 행동의도에 미치는 영향
　　의료관광 종사원의 고객관련 스트레스가 감정노동과 이직의도에 미치는 영향

여행업 창업과 혁신경영

—

인쇄 2019년 3월 5일 1판 1쇄
발행 2019년 3월 10일 1판 1쇄

지은이 김천중 · 현은지
펴낸이 강찬석
펴낸곳 도서출판 미세움
주소 (07315) 서울시 영등포구 도신로51길 4
전화 02-703-7507
팩스 02-703-7508
등록 제313-2007-000133호
홈페이지 www.misewoom.com

정가 17,000원

—

ISBN 979-11-88602-17-9   93980